かっこいい小学生になろう

Z会
グレードアップ
問題集 改訂版

小学 **5年**

算数

文章題

JN078428

●はじめに

Ｚ会は「考える力」を大切にします ―――――――――――

　『Ｚ会グレードアップ問題集』は，教科書レベルの問題集では物足りないと感じている方・難しい問題にチャレンジしたい方を対象とした問題集です。当該学年での学習事項をふまえて，発展的・応用的な問題を中心に，一冊の問題集をやりとげる達成感が得られるよう内容を厳選しています。少ない問題で最大の効果を発揮できるように，通信教育における長年の経験をもとに"良問"をセレクトしました。単純な反復練習ではなく，１つ１つの問題にじっくりと取り組んでいただくことで，本当の意味での「考える力」を育みます。

中学以降の数学で必要になる力を伸ばすには，文章題学習が最適 ―――――

　本書では，数量や図形の知識を確認することだけでなく，次の力を伸ばすこともねらいにしています。

- ■ 文章や数，式，図，表，グラフから，必要な情報を取り出す力
- ■ 取り出した情報から，筋道を立てて答えを導く力
- ■ 答えに至るまでの考え方を，文章や式，図を用いて表現する力
- ■ よりよい考え方を発見する力

　これらの力は中学以降の数学で必要になるので，小学生のうちから着実に伸ばしていくことが大切です。
　また，文章題の場面に，学校生活や家庭生活を多く取り上げました。これまでに学習してきた算数を日常の課題解決に活用する中で，お子さまの算数への興味・関心はさらに高まることでしょう。

この本の使い方

1 この本は全部で 45 回あります。
第 1 回から順番に，1 回分ずつ取り組みましょう。

2 1 回分が終わったら，別冊の『解答・解説』を見て，自分で丸をつけましょう。

3 まちがえた問題があったら，『解答・解説』の「考え方」を読んでしっかり復習しておきましょう。

4 知っていたら かっこいい！ これができると かっこいい！ でしょうかいしていることは，これから役立つことが多いので，覚えておきましょう。

5 マークがついた問題は，発展的な内容をふくんでいます。解くことができたら，自信をもってよいでしょう。

保護者の方へ

本書は，問題に取り組んだあと，お子さま自身で答え合わせをしていただく構成になっております。学習のあとは別冊の『解答・解説』を見て答え合わせをするよう，お子さまに声をかけてあげてください。

いっしょにむずかしい問題に，挑戦しよう！

イーマル　　ミルマリ　　イワンコ

目次

1 | 今日から5年生 ①

1 　今日は4月1日。算数が大好きなビッツさんは，5年生になりました。ビッツさんは，春休みに，デジタル時計に使われている数字のパズルに挑戦しています。

① 　デジタル時計には，次の10個の数字が使われています。この中で，さかさまから見ても同じ数字になるものをすべて答えましょう。(20点)

（　　　　　　　　　　　　　）

② 　デジタル時計の数字を使って，3けたの数をつくります。この中で，さかさまから見ても同じ3けたの数になるものは，全部で何個ありますか。ただし，同じ数字を何回使ってもかまいません。(30点)

（　　　　　　　　　　　　　）

ヒント

　3けたの数をさかさまから見ると，百の位の数字は一の位の数字になり，一の位の数字は百の位の数字になる。そこで，百の位の数字と一の位の数字の組に注目しよう。見落としやすい組があるので，ていねいに調べることが大切。

デジタル時計の数字を使って，次のように日時を表します。

08月 **12**日 **03**時 **45**分 **58**秒

　このとき，月，日，時，分，秒が１けたの数のときは，十の位に０をおぎなって，２けたの数で表すものとします。

　いま，ビッツさんは，「07月23日19時56分48秒」のように，０から９までの数字をすべて使って表される日時について調べています。このような日時の中でいちばん早いのは，何月何日何時何分何秒ですか。ただし，いちばん早い日時は，「2020年」のように，ある１年間の中で考えるものとします。(50点)

(　　　　　　　　　　　　　　　　　　　　)

いちばん早い日時を考えるので，「01月」から順に考えていけばいいね。「45時」とか，「89秒」といった表し方をしないことに気をつけて，考えていくことが大切だ！

2 今日から５年生 ②

1 　４月になり，まんかい公園にはさくらの花がいっぱいさいています。ビッツさんは，家族でお花見に行きました。

1 　ビッツさんのお父さんは，落ちていたさくらの花を次のきまりにしたがって，ならべていきました。

　ビッツさんとお父さんは，このきまりでさくらの花をならべたときに全部で何個あるかを，くふうして求める方法について話しています。

お父さん：たとえば，４行目までならべたときの個数を求めるよ。４行目までならべたものを２組用意して，下のように組み合わせてみよう。何か気づくことがないかな？

ビッツ　　：長方形の形に花がならぶね。求める個数は，この個数の半分だから……。
　　　　　　かけ算とわり算を使って計算できそうだ！

　４行目までならべたとき，さくらの花は全部で何個ありますか。かけ算とわり算を使って求めましょう。(式１５点・答え１５点)

　　式

　　　答え　（　　　　　　　　　　　　　　）

2 **1**のきまりでさくらの花を 50 行目までならべるとき，さくらの花が全部で何個必要かを，ビッツさんは考えています。まず，50 行目にさくらの花が何個あるかを求めましょう。そして，さくらの花が全部で何個必要かを求めましょう。

(各 15 点)

50 行目の数　（　　　　　　　　　　）

全部の数　（　　　　　　　　　　）

2 ビッツさんのお母さんは，ビッツさんに次の挑戦問題を出しました。くふうして計算しましょう。(40 点)

1 から 1000 までの整数の中で，4 でわって 3 あまる数を全部たすといくつになりますか。

（　　　　　　　　　　）

ヒント

まず，4 でわって 3 あまる数を書いてみよう。この問題でも，**1**の計算のくふうが使えることに気づけるとかっこいい。

3 時間を上手に計ろう ①

学習日

月　日

得点

／100点

1　3組のさゆりさんは,学校で資料のかたづけをしているときに,2つの砂時計を見つけました。たかふみ先生のところに持っていき,砂時計を使って時間を計る話をしています。

先生　：これは,5分と8分を計ることができる砂時計だね。この2つの砂時計を使って計ることができる時間はわかるかな?

さゆり：5分と8分の砂時計だから,5分と8分ですよね。

先生　：もちろん,その2つの時間は計れるよね。でも,その他の時間を計ることもできるんだよ。

さゆり：そうなんですか?

先生　：たとえば,2つの砂時計の砂が全部下にある状態から,同時にひっくり返すよ。5分の砂時計の砂が全部落ちたら,5分の砂時計をすぐにひっくり返そう。ここから時間を計り始めて,8分の砂時計の砂が全部落ちるまでの時間を考えたらどうかな?

さゆり：えっと……。　　①　　　　分が計れますね。

先生　：そうだね!　それでは,今の続きを考えてみよう。8分の砂時計の砂が全部落ちたところで,8分の砂時計をすぐにひっくり返すよ。そこから時間を計り始めて,5分の砂時計の砂が全部落ちるまでの時間を考えると,何分になるかな?

さゆり：　②　　　　分です。

先生　：その通り!　2つの砂時計を使って,5分と8分以外の時間を計れることがわかったね。

①　上の□にあてはまる数を書き入れましょう。(各20点)

2 さゆりさんは，2つの砂時計を使って，他の時間も計れないか考えてみることにしました。そこで，砂時計の砂が全部落ちるたびに，すぐにひっくり返すことをくり返します。このことを，下の図のように表しました。

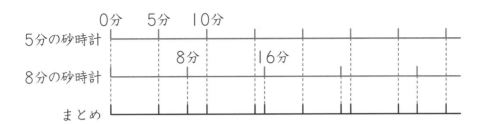

6分はどうすれば計ることができるか，説明しましょう。（30点）

[   ]

3 さゆりさんのように，砂時計をひっくり返すことをくり返します。1分，2分，……，8分の8通りの時間を計る方法は，砂時計をひっくり返し始めてから何分後までにすべて現れますか。（30点）

(   )

これができると**かっこいい！**

図にまとめて考えると，わかりやすいし，かっこいいね。

4　時間を上手に計ろう ②

1　20分で燃えつきる線香があります。これを使って時間を計ることを考えてみましょう。

線香に火をつけて燃えつきるまで20分なので，20分はもちろん計ることができます。

次に，線香の両側に同時に火をつける場合を考えてみましょう。このとき，線香は半分の10分で燃えつきるので，10分を計ることができます。

① 線香を2本使って，15分を計る方法を説明しましょう。(20点)

$$\left(\right)$$

> **ヒント**
> 10分の計り方を参考にして，2本の線香のどこに，いつ火をつけるのかを考えよう。

② 60分までの5分おきの時間，5分，10分，15分，……，60分のうち，3本以下の線香を使って計ることができないのは何分でしょうか。すべて答えましょう。(30点)

(　　　　　　　　　　　　　　)

2 　2分，3分，6分で燃えつきる線香が1本ずつあります。これらを使って時間を計ることを考えます。

① 　3本のうち1本だけを使って，1分を計ります。計り方を説明しましょう。
(20点)

> これまでの問題も参考にして考えてみよう。

② 　3本全部の線香を使って，10分を計ります。計り方を説明しましょう。
(30点)

5　直角三角形のきまり ①

1　5年3組のともはるさんは，算数の時間で，直角三角形の面積を求める公式を学習しました。ともはるさんとたかふみ先生は，面積を使って直角三角形のななめの辺の長さを求める方法について話しています。

先生　　：底辺が4cm，高さが3cmの直角三角形の面積は
　　　　　いくつかな？

ともはる：□① cm² です。

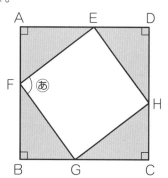

先生　　：ばっちり！　面積を使って，直角三角形のななめの辺の長さが求められるんだよ。ともはるさんに挑戦してほしいな。

ともはる：はい！　がんばります。

先生　　：この直角三角形を4つ使って，右の図のような正方形ABCDを作るよ。正方形ABCDの面積はいくつになるかな？

ともはる：□② cm² です。

先生　　：正解！　次に，4つの直角三角形に囲まれてできる四角形EFGHを考えるよ。この四角形はどんな形かな？

ともはる：えっと……。正方形です。四角形EFGHの4つの角度がすべて90°で，4つの辺の長さがすべて等しいからです。

先生　　：ともはるさん，すごいよ！　四角形EFGHが正方形であることを使って，直角三角形AEFのななめの辺EFの長さを求めてみよう。ともはるさんならできるはず。がんばって挑戦してね。

⑴　上の□にあてはまる数を書き入れましょう。（各20点）

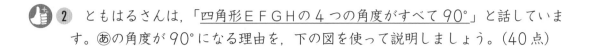

2 ともはるさんは,「四角形ＥＦＧＨの4つの角度がすべて90°」と話しています。あの角度が90°になる理由を,下の図を使って説明しましょう。(40点)

右の図のように,角度を記号で表して説明できるとかっこいいよ。

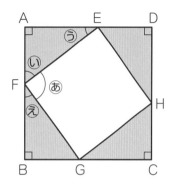

$$\left(\right)$$

3 直角三角形ＡＥＦのななめの辺ＥＦの長さを求めましょう。(20点)

$$\left(\right)$$

直角三角形の辺の長さのきまり

　直角三角形 AEF の3つの辺の長さをそれぞれ2回かけて,3つの数

　　3×3, 4×4, 5×5

をつくるよ。このとき,3つの数の間に,

　　3×3＋4×4＝5×5

の関係が成り立っているね。「直角をはさむ2辺の長さ」と「ななめの辺の長さ」の間にはこの関係がいつも成り立ち,ピタゴラスの定理や三平方の定理という名前が付けられているんだ。直角三角形のきまりにくわしくなったキミは,かっこいいよ!

15

6　直角三角形のきまり ②

1　ともはるさんは，3つの辺の長さが3cm，4cm，5cmの三角形が直角三角形になることがわかりました。3つの辺の長さが整数の直角三角形がほかにもないかを知りたくなり，たかふみ先生に聞いてみました。すると，次のヒントを教えてくれました。

> 　三角形の3つの辺の長さを，●cm，▲cm，■cmとする。関係
>
> ●×●＝▲×▲＋■×■
>
> が成り立つとき，この三角形は直角三角形になり，ななめの辺の長さが●cmになる。

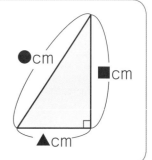

　そこで，ともはるさんは，1から20までの整数について，それぞれの数を2回かけた数を計算して，表にまとめてみることにしました。

1×1		6×6		11×11		16×16	
2×2		7×7		12×12		17×17	
3×3		8×8		13×13		18×18	
4×4		9×9		14×14		19×19	
5×5		10×10		15×15		20×20	

　この表も使って，3つの辺の長さがすべて20cm以下の直角三角形を求めます。「3cm，4cm，5cm」以外に3つ答えましょう。(各20点)

(　　　　　　　　　　　　)

(　　　　　　　　　　　　)

(　　　　　　　　　　　　)

2 下の三角定規の辺の長さには，次のきまりがあります。

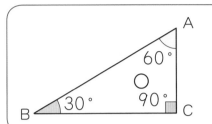

正三角形の半分の形だから，
　（辺ＡＢの長さ）＝（辺ＡＣの長さ）×２

このきまりを上手（じょうず）に使うと，右の直角三角形の面積をくふうして求めることができます。挑戦（ちょうせん）しましょう。

（40点）

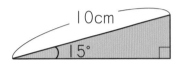

（　　　　　　　　　　　　）

知っていたら **かっこいい！** ──── **三角定規の３つの辺の長さの関係**

　2では，三角定規の辺ＡＢの長さと辺ＡＣの長さの関係をしょうかいしたけれど，辺ＢＣの長さとの関係は，どうなるだろうか。
　三角形ＡＢＣは，ななめの辺が辺ＡＢの直角三角形なので，
　　（辺ＡＢの長さ）×（辺ＡＢの長さ）
　＝（辺ＡＣの長さ）×（辺ＡＣの長さ）＋（辺ＢＣの長さ）×（辺ＢＣの長さ）
が成り立つね。ここで，辺ＡＢの長さを２cm，辺ＡＣの長さを１cmとおくと，
２×２＝１×１＋（辺ＢＣの長さ）×（辺ＢＣの長さ）より，
　　（辺ＢＣの長さ）×（辺ＢＣの長さ）＝３
となるね。同じ数を２回かけて３になる数を考えるわけだけれど，
　　１.73×１.73＝2.9929，　１.74×１.74＝3.0276
より，１.73以上１.74以下の数とわかるね。ただ，ぴったりの数を求めようと，同じように調べていっても，うまくいかないことが知られているんだ。小数第十位まで書くと，次のようになるよ。
　　１.7320508075……（※辺ＢＣの長さは，辺ＡＣの長さのおよそ１.732倍。）
　このような不思議な数は，中学生になったらくわしく学習するよ。いろいろな数を知ることができると，とても楽しいね。

7　友達に教えてあげよう ①

1　友達が，学校で習ったことがわからなくて困っているときに，わかるように教えてあげられると，とてもかっこいいですよね。教えることで，自分もしっかり理解していることが確認できます。【例】にならって，①〜③のように困っている友達がわかるように教えてあげましょう。(① 30 点, ② ③ 各 35 点)

【例】

わからないこと
　3.5 + 14.05 の答えを筆算で求めたの。
でも，答えが合わないわ……。

$$\begin{array}{r} 3.5 \\ +14.05 \\ \hline 4.905 \end{array}$$

教え方

位をたてにそろえてかくことが大切だよ。小数点の位置をそろえて筆算すると，答えが求められるよ。

$$\begin{array}{r} 3.5 \\ +14.05 \\ \hline 17.55 \end{array}$$

①

わからないこと
　3 + 4 × 5 を計算したら，35 になったの。でも，答えを確認したら，23 と書いてあったわ。どうして，35 じゃないの？

教え方

2

わからないこと

右の図の三角形の面積を求めたの。底辺が
13cm，高さが20cmだから，
13 × 20 ÷ 2 = 130（cm²）
と考えたんだけれど……。

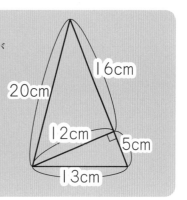

16cm
20cm
12cm
5cm
13cm

教え方

3

わからないこと

1 ÷ 7 の商を四捨五入して，小数第二位までの概数で求めたの。
1 ÷ 7 = 0.14…
小数第二位を四捨五入すればよいから，答えは0.1。
でも，間違っていたわ……。

教え方

19

1 　下の表は，１組のまさよしさんとさやかさんが，グレアプ町，スーパー町，ハナマル町の人口と面積についてまとめたものです。

	人口（人）	面積（km²）
グレアプ町	30000	?
スーパー町	27000	150
ハナマル町	18000	100

1 　スーパー町の人口密度（じんこうみつど）は，グレアプ町の人口密度の 0.6 倍です。このとき，グレアプ町の面積は何 km² ですか。（30点）

（　　　　　　　　　）

2 　グレアプ町は，１年後にスーパー町と合併（がっぺい）して，より大きい町になることが決まりました。まさよしさんは「スーパー町とハナマル町の人口密度は同じ。だから，グレアプ町はスーパー町と合併しても，ハナマル町と合併しても，人口密度は同じだね。」とさやかさんに話しました。でも，さやかさんは「まさよしさん，それはちがうわ。」と言っています。まさよしさんに，間違（まちが）っている理由を教えてあげましょう。（30点）

2 さんぺいさんとひろみさんは，1〜100 の整数について調べています。

1 さんぺいさんは，2 の倍数でも 3 の倍数でもある整数の個数を求めています。全部で何個ありますか。（20点）

（　　　　　　　　　　）

2 ひろみさんは，2 の倍数または 3 の倍数である整数の個数を，次のように求めました。

> **ひろみさんの求め方**
> 2 の倍数は 50 個，3 の倍数は 33 個あるわ。
> だから，2 の倍数または 3 の倍数である整数の個数は，
> 50 ＋ 33 ＝ 83（個）

さんぺいさんは，ひろみさんの求め方に間違いがあることに気づきました。ひろみさんに，間違っている理由を教えてあげましょう。（20点）

教える問題にたくさん挑戦したね。うまく教えることができたかな？　友達が算数の勉強で困っていたら，ぜひ教えてあげてね！

三角形の内角と外角の関係 ①

1 けんたろうさんは，図書室で三角形の角度について調べています。本には，次の内容が書かれていました。

下の図のように，三角形の 2 つの辺でできる角を三角形の「内角」という。また，1 つの辺をのばして，となりの辺との間にできる角を三角形の「外角」という。

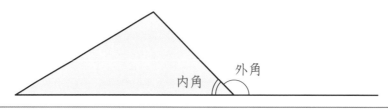

けんたろうさんが，三角形の内角と外角について調べたところ，次の関係を発見しました。

三角形の 1 つの外角は，となりあっていない 2 つの内角の和に等しい。

この関係が成り立つことを確かめます。右の図において，⑦＋④＝エが成り立つことを⑦，④，⑦，エの角を使って説明しましょう。

（40点）

2 　三角形の内角と外角の関係を理解したけんたろうさんは，楽しくなって，三角形の内角と外角についての問題を解き始めました。次の⑦，⑦，⑦の角度をそれぞれ求めましょう。（各10点）

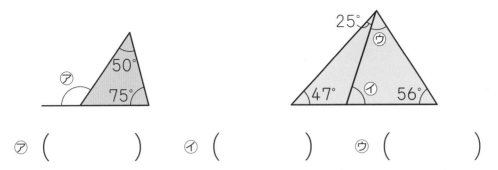

⑦ （　　　　　）　　⑦ （　　　　　）　　⑦ （　　　　　）

3 　けんたろうさんがお父さんに三角形の内角と外角の関係について発見したことを話すと，お父さんは宝さがしの問題をつくってくれました。

　プアドレグ王国には金の塔，銀の塔，銅の塔があり，地図の上で３つの塔を直線で結ぶと正三角形になります。金の塔から銀の塔の方向へ，銀の塔よりも進んだ先に宝物がうまっています。また，銅の塔から銀の塔の方向へ，銀の塔よりも進んだところにグレアプのいずみがあります。地図の上で，銀の塔，宝のありか，グレアプのいずみを順に直線で結んでできる角の大きさは80°です。宝物の正確な位置を考えてみましょう。

　けんたろうさんは右のような図をかいて，宝のありかを考えました。

　「うーん。銀の塔から宝のありかまでのきょりがわからない。いや，ちょっと待てよ。三角形の内角と外角の関係を利用すれば，銀の塔，グレアプのいずみ，宝のありかを順に直線で結んでできる⑦の角の大きさが求められる。⑦の角

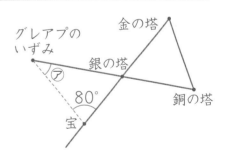

度が 　　　　　°になるようにグレアプのいずみから直線を引けば，宝物の正確な位置がわかるぞ！」

　上の□にあてはまる数を書き入れましょう。（30点）

10 三角形の内角と外角の関係 ②

1 　けんたろうさんは，三角形の内角と外角の関係について，くみこさんに話しました。けんたろうさんの話を聞いて，くみこさんはこんなことを考えました。

くみこ　　：一筆書きで星をかいてみたよ。三角形の内角と外角の関係を使えば，分度器を使わなくても，色をつけた5つの角の大きさの和が何度になるかわかるんじゃないかな？

けんたろう：ええっ，そんなことができるかな？

くみこ　　：三角形の内角と外角の関係を使うと，下

の図の⑦と⑨の角度の和は，

の角度と等しくなるよ。

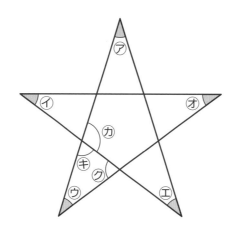

けんたろう：そうか。そして，④と⑨の角度の和は， ② [　　　　] の角度と等しくな

るね。だから，色をつけた5つの角の大きさの和は， ③ [　　　　]°だ。

　上の□の①，②には⑦〜⑨のどれかを，③にはあてはまる
数を書き入れましょう。（各10点）

図を使って考えると，
わかりやすいよ。

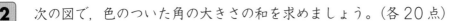

2 次の図で，色のついた角の大きさの和を求めましょう。（各20点）

①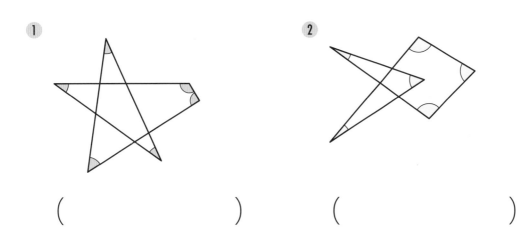

②

(　　　　　　　)　(　　　　　　　)

3 　今度は，けんたろうさんが一筆書きで右のような図形をかき，色をつけた7つの角の大きさの和を求める問題をくみこさんに出しました。けんたろうさんとくみこさんの話を読んで，色をつけた7つの角の大きさの和を求めましょう。（30点）

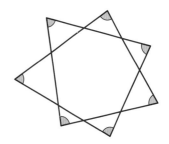

けんたろう：この図形でも，三角形の内角と外角の関係を利用して，色をつけた7
　　　　　　つの角の大きさの和を求めることができるんだよ。

くみこ　　：わあ，むずかしそう。どう考えればいいのかな。

けんたろう：ヒントを出すね。図1のような図形で，㋐と㋑
　　　　　　の角度の和と，㋒と㋓の角度の和は，どちらも
　　　　　　㋔の角度と等しくなるね。このことをうまく利
　　　　　　用できないか考えてみよう。

図1
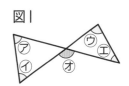

くみこ　　：図1の㋐と㋑の角度の和と，㋒と㋓の角度の和
　　　　　　は等しいんだね。問題の図形の中で，図1のよ
　　　　　　うな形をさがしてみたけど，うまくいかないよ。

図2

けんたろう：2つ目のヒントだよ。図2のように，自分で線
　　　　　　をかき加えてみよう。何かひらめかないかな？

(　　　　　　　　　　)

學習日

11 分数の不思議 ①

1 みなこさんは，分数と小数の関係について，友達と話しています。

みなこ　：わり算を使うと，分数を小数に直せるね。たとえば，

$$\frac{1}{2} = 1 \div 2 = 0.5$$

はると　：そうだね。$\frac{1}{7}$ はどうかな？　$1 \div 7$ を計算すると，0.142857……。
わりきれなさそうだけれど，$\frac{1}{7}$ は小数できちんと表せないのかな？

よしあき：分数には，「小数できちんと表せるもの」と「小数できちんと表せないもの」があるんだって。この前，おじいちゃんが言っていたよ。$1 \div 7$ をさらに計算していくと，数のならび方にきまりが見つかることも教えてもらったんだ。みなこさんやはるとさんは，見つけられるかな？

① $\frac{1}{7}$ を小数で表したとき，小数第七位の数字はいくつになりますか。(20点)

（　　　　　　　　　）

② よしあきさんが話している，数のならび方のきまりを見つけて説明しましょう。
そして，$\frac{1}{7}$ を小数で表したとき，小数第77位の数字がいくつになるかを求めましょう。(各15点)

きまり　[　　　　　　　　　　　　　　　　　　　　　]

小数第77位の数字　（　　　　　　　　　）

2 4組のゆうき先生は、$\frac{1}{7}$ を小数で表したときに現れる数「142857」を使ったおもしろい小数のかけ算を、みなこさんたちにしょうかいしています。

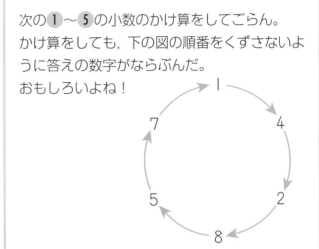

次の ❶ ～ ❺ の小数のかけ算をしてごらん。
かけ算をしても、下の図の順番をくずさないように答えの数字がならぶんだ。
おもしろいよね！

計算をして、ゆうき先生が話していることを確認しましょう。（各10点）

❶ 1.42857 × 2

❷ 1.42857 × 3

❸ 1.42857 × 4

❹ 1.42857 × 5

❺ 1.42857 × 6

1.42857 × 7 はどうなるかな？ おもしろい答えが出てくるから、計算してみてね！

1　よしあきさんは，おじいさんに分数の昔話を教えてもらいました。

おじいさん：$\frac{1}{2}$，$\frac{1}{3}$ のように，分子が 1 の分数を単位分数というよ。分数のたし

算やひき算は，「$\frac{1}{10}$ の何個分」のように，分子が 1 の分数をもとに

して考えると計算できたよね。

よしあき　：うん。もとにする量のことを単位というから，単位分数というのかな。

おじいさん：その通り。単位分数について，おもしろい話があるんだ。

よしあき　：どんな話？　じいちゃん，教えて！

おじいさん：むかしむかし，アフリカのエジプトという国の人が，分数を考えたん
　　　　　　だよ。はじめは，分数といえば，単位分数だけを指したんだって。

よしあき　：でも，単位分数だけで，分子が 2 以上の分数をすべて表すことはでき
　　　　　　るのかな？

おじいさん：どんな分数も，たがいにちがう単位分数の和で表すことができるんだ

よ。それでは，$\frac{2}{5}$ と $\frac{2}{11}$ をたがいにちがう 2 つの単位分数の和で表

してみよう。$\frac{2}{5}$，$\frac{2}{11}$ をこえない単位分数の中で，いちばん大きいも

のをそれぞれ考えてみるといいよ。

よしあき　：がんばって挑戦するね。

① 下の □ にあてはまる式を書き入れましょう。（各 25 点）

$$\frac{2}{5} = \boxed{①}$$

$$\frac{2}{11} = \boxed{②}$$

2 おじいさんは，簡単に単位分数の和に表す方法をメモにまとめて，よしあきさんにわたしました。

 単位分数の 和 の表し方

❶ （分母）÷（分子）を計算して，商を整数で求める。
❷ ❶の商に1をたした数を分母とする単位分数をつくる。
❸ もとの分数から，❷の単位分数をひく。
❹ ❸の答えが単位分数にならなければ，❸の答えについて，❶から❸をくり返す。
❺ ❸の答えが単位分数になったら終了。できた単位分数をすべてたすと，もとの分数になる。

今日は９月23日の秋分の日。よしあきさんは，メモの手順にしたがって，$\dfrac{9}{23}$ をたがいにちがう単位分数の和で表すことにしました。よしあきさんと同じように挑戦して，□にあてはまる式を書き入れましょう。（50点）

$$\dfrac{9}{23} = \boxed{}$$

 **単位分数の和の表し方**

　単位分数の和の表し方をもう１つしょうかいしよう。分子を「分母の約数の和」で表すのがポイント。たとえば，$\dfrac{13}{18}$ で考えるよ。分母の18の約数は，「1，2，3，6，9，18」で，分子の13は，$13 = 1 + 3 + 9$ のように，18の約数の和で表すことができるね。だから，

$$\dfrac{13}{18} = \dfrac{1+3+9}{18} = \dfrac{1}{18} + \dfrac{3}{18} + \dfrac{9}{18} = \dfrac{1}{2} + \dfrac{1}{6} + \dfrac{1}{18}$$

と表すことができるよ。

13 図形のパズルに挑戦 ①

1 2組のつとむ先生とめろんさんは，図形のパズルについて話しています。

> 　右の図のように，正方形をたて2列，横5列になら
> べた長方形があります。この長方形を点線にそって，同
> じ形で2つに分けてください。ただし，うら返したり，
> 回転させたりすると重なるものは同じ分け方とします。

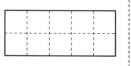

めろん：次の2通りの分け方を思いつきました。これで全部ですか？

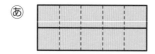　　　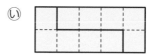

先生　：分け方はもう1通りあるよ。次の分け方は，上下をうら返すと◯いの図形と
　　　　同じになるから，間違えないようにね。

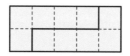

① もう1通りの分け方を見つけて，下の図に線をかき入れて示しましょう。

(20点)

めろん：全部で3通りの分け方があるんですね。こうしてみると，正方形を5個つ
　　　　なげた図形はいろいろあるんですね。
先生　：そうだね。正方形を5個つなげた図形にどんなものがあるか考えてみよう。
　　　　とてもおもしろいよ。

2 正方形を5個つなげた図形は，⑳，⑪で示した図形の他に10種類あります。下のます目にすべてかきましょう。ただし，⑰の図形のように点でつながっているものはふくめません。また，うら返したり，回転させたりすると重なるものは同じ図形とします。(各8点)

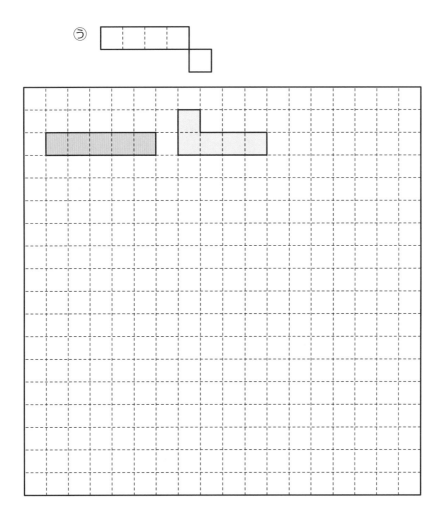

1 で見つけた形も答えの1つだね。

ヒント

まっすぐにならぶ正方形の個数に注目すると，整理して考えやすい。たとえば，⑪で示した図形は正方形がまっすぐに4個ならんでいる。

14 図形のパズルに挑戦 ②

1 正方形を 5 個つなげた図形は，次の 12 種類あることがわかりました。

あ

い

う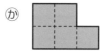

え

お

か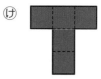

き

く

け

こ

さ

し

1 次の 3 個の図形を 1 回ずつ使って，正方形をたて 3 列，横 5 列にならべた右の長方形をうめることはできますか。うら返したり，回転させたりしてもかまいません。できるものは○，できないものは×で答えましょう。(各 10 点)

① い，え，き （　　　　　　　）

② か，け，し （　　　　　　　）

③ く，こ，さ （　　　　　　　）

④ う，お，か （　　　　　　　）

2 ⓐ～ⓛの図形は何回使ってもかまいません。また，うら返したり，回転させたりしてもよいです。このようにしても，正方形をたて4列，横6列にならべた右の長方形をうめることはできません。その理由を説明しましょう。（30点）

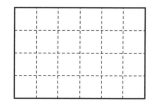

⎛
⎜
⎜
⎜
⎜
⎝   ⎞
⎟
⎟
⎟
⎟
⎠

> **ヒント**
> 面積に注目しよう。正方形1個の面積を1cm²とすると……。

3 下の図は，正方形をたて3列，横20列にならべた長方形に，ⓚ，ⓒ，ⓤ，ⓢの4個の図形をならべたものです。ⓐ～ⓛのうち，残りの8個の図形を1回ずつ使って，この長方形をうめましょう。うら返したり，回転させたりしてもかまいません。（30点）

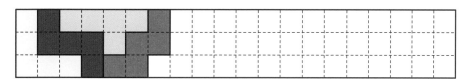

ペントミノ

　正方形を5個つなげた図形をペントミノというよ。ペントミノには，問題で示したⓐ～ⓛの図形の12種類があるんだ。（ⓘ，ⓤ，ⓔ，ⓚ，ⓒ，ⓛの図形をうら返したものを別の図形と考える場合は，18種類になるよ。）

　3では，この12種類の図形を1回ずつ使って，「たて3列，横20列」にならべた長方形をうめたね。同じようにして，「たて4列，横15列」「たて5列，横12列」「たて6列，横10列」にならべた長方形をうめることもできるんだ。

　うら返したり，回転させたりすると重なるうめ方を同じと考えると，「たて3列，横20列」にならべた長方形のうめ方は2通りあり，「たて6列，横10列」にならべた長方形のうめ方は，なんと2339通りもあることが知られているよ。

15 倍数のおもしろい発見 ①

1 計算チャンピオンのビッツさんは，倍数についてのおもしろい発見をしました。

① 下の図は，ビッツさんがまとめたノートです。□にあてはまる数を書き入れて，ビッツさんの発見が正しいことを確認しましょう。ただし，同じ番号には同じ数が入ります。（各20点）

発見したこと

123123のように，3けたの数を2回くり返してできる

6けたの数は，いつも7の倍数になる。

理由

たとえば，123123を123000と123に分けます。

123123 = 123000 + 123

$= 123 × (\boxed{①} + 1)$

$= 123 × \boxed{②}$

だから，123123は，$\boxed{②}$の倍数になります。

$\boxed{②} ÷ 7 = \boxed{③}$

より，$\boxed{②}$は7でわりきれるので，123123は7の倍数とわかります。

他の6けたの数でも，同じように説明できます。なぜなら，6けたの数を

●▲■●▲■とおくと，123123のときと同じように，

●▲■●▲■ = ●▲■ × $\boxed{②}$

と書くことができるからです。

2 ビッツさんは，次の発見もしました。

> ## 発見したこと
>
> 121212 のように，2 けたの数を 3 回くり返してできる
>
> 6 けたの数は，いつも 7 の倍数になる。

　　6 けたの数を ●▲●▲●▲ とおきます。  のビッツさんのノートを参考にして，この発見が正しいことを説明しましょう。(40 点)

$$\left(\right)$$

知って
いたら **かっこいい！** ── **7 の倍数の見分け方** ──

　　7 の倍数かどうかを見分ける方法をしょうかいしよう。
　　数を一の位から 3 けたごとに区切るよ。たとえば，1001020300 のとき，
　　　1 ／ 001 ／ 020 ／ 300
と区切るんだ。4 つの数「1，1，20，300」ができるね。
　　できた数について，左から奇数番目にあるすべての数の和と，左から偶数番目にあるすべての数の和を計算しよう。
　　　奇数番目 … 1 + 20 = 21
　　　偶数番目 … 1 + 300 = 301
　　この 2 つの和の差が「7 の倍数」または「0」になれば，もとの数は 7 の倍数とわかるんだ。
　　　301−21 = 280，280 ÷ 7 = 40
だから，1001020300 は 7 の倍数だね。
　　大きい数のわり算をせずに見分けることができるなんて，すごいね。

16 倍数のおもしろい発見 ②

1 ビッツさんは,倍数の見分け方に興味をもちました。ばっちり図書館で見つけた本に,次の内容が書かれていました。

倍数の見分け方

下1けたの数が2の倍数か「0」のとき,もとの数は2の倍数

下2けたの数が4の倍数か「00」のとき,もとの数は4の倍数

下3けたの数が8の倍数か「000」のとき,もとの数は8の倍数

下4けたの数が16の倍数か「0000」のとき,もとの数は16の倍数

---

① 次の数の中から,4の倍数をすべて選びましょう。(15点)

24688642	46822864
68244286	82466428

(　　　　　　　　　　　　　　　　　)

② 右の□の中に0～9のいずれかの数字を書き入れて,8けたの8の倍数をつくりましょう。
(15点)

1234567□

③ 上の「倍数の見分け方」には,あるきまりがかくれています。そのきまりを発見して,64の倍数の見分け方を説明しましょう。(20点)

[　　　　　　　　　　　　　　　　　　　　　　　　]

2 5年1組ののりこ先生は，倍数の挑戦問題を宿題で出しました。ビッツさんは，次の11の倍数の見分け方を使って，挑戦しています。

11の倍数の見分け方

左から奇数番目にあるすべての数の和と，左から偶数番目にあるすべての数の和を計算する。この2つの和の差が11の倍数か0になれば，もとの数は11の倍数とわかる。

① 1818181818181818は11の倍数ですか。理由と合わせて説明しましょう。（30点）

$$\left[\right]$$

② 5つのちがう数字を使ってできる5けたの数を考えます。この中で，いちばん小さい11の倍数を答えましょう。（20点）

（　　　　　　　　）

> **ヒント**
> 5つのちがう数字を使ってできる，いちばん小さい5けたの数は「10234」。そこで，求める11の倍数を「102●▲」とおいて考えてみよう。

17 平均のしくみ ①

1 おかしが大好きな，えいこさん，ビッツさん，しいのさん，デルタさん，イーグルさんの5人は，それぞれチョコレートを持ち寄って，交換会を開くことにしました。5人はどんなチョコレートを持っていこうか，わくわくしながら考えています。

① えいこさんは，チョコレートを自分で作ることにしました。チョコレートをとかして，アルミカップに流しこんで作ります。

えいこさんは，1まい40gの板チョコレートを3まい使い，16個のチョコレートを作りました。作ったチョコレートの重さは，平均すると1個何gですか。(式10点・答え10点)

式

答え　(　　　　　　　　　　)

② ①でえいこさんが初めに用意していたアルミカップは，ハート形のものが10まい，星形のものが3まい，丸形のものが7まいです。アルミカップ1まいのねだんは，平均すると1まい10.5円です。用意していたアルミカップのねだんは合計で何円ですか。(式10点・答え10点)

式

答え　(　　　　　　　　　　)

3 ビッツさんは，チョコレートを買いにポップデパートに行きました。ポップデパートでは，7種類のチョコレートを売っています。お店の人が，

「1種類のチョコレートのねだんは，平均すると1個93円です。」

と教えてくれました。ビッツさんは7種類のチョコレートを1個ずつ買うことにしました。ビッツさんが1000円を出したとき，おつりはいくらですか。

(式15点・答え15点)

▮ 式

▮ 答え （　　　　　　　　　　　）

4 しいのさんは，チョコレートショップでチョコレートの量り売りをしているのを見つけました。250gまでチョコレートを好きなだけつめて買うことができます。

いま，8個のチョコレートを入れて重さを量ったところ，25.6gでした。8個のチョコレートの重さは，平均すると1個 ①[　　　　]g です。この平均の重さを使うと，さらにチョコレートをつめていき，個数が30個になったときの重さは ②[　　　　]g と考えられます。また，250gつめたときは，③[　　　　]個のチョコレートがあると考えられます。

上の□にあてはまる数を書き入れましょう。ただし，③は，小数第一位を四捨五入して，整数で答えなさい。(各10点)

18　平均のしくみ ②

1　えいこさん，ビッツさん，しいのさん，デルタさん，イーグルさんの５人は，チョコレートの交換会を始めます。５人がそれぞれ用意したチョコレートは，数も大きさもさまざまですが，それぞれが用意したチョコレートを１セットとして，交換をします。

いま，デルタさんとイーグルさんは，

「用意したチョコレートについて，平均の問題をつくってみよう！」

とえいこさん，ビッツさん，しいのさんに話しかけました。デルタさんとイーグルさんは，５人が用意したチョコレートを集めて重さを量ったり，個数を数えたりし始めました。

1　デルタさんは，次のような問題をつくりました。この問題を解いてみましょう。

（式 20 点・答え 20 点）

デルタさんの問題

えいこさん，ビッツさん，しいのさんが用意した３セットのチョコレートの重さは，平均すると１セット 210g，ぼくとイーグルさんが用意した２セットのチョコレートの重さは，平均すると１セット 295g です。５セットのチョコレートの重さは，平均すると１セット何 g ですか。

式

答え（　　　　　　　　　　）

2 イーグルさんは，平均の問題を考えています。このとき，5 セットのチョコレートの個数は，平均すると 1 セット 27 個であることがわかりました。そして，ふとこんなことを考えました。

「ぼくの用意したチョコレートの個数は平均より少ない。だから，5 セットの中ではチョコレートの個数が少ないほうなのかな？」

イーグルさん以外の 4 人が用意したチョコレートの個数は，それぞれ右の表のとおりです。

えいこ	ビッツ	しいの	デルタ
18 個	7 個	78 個	12 個

下の □ の①～③にはあてはまる数を，④には「多い」または「少ない」を書き入れなさい。（各 15 点）

5 人が用意したチョコレートの個数は全部で ①〔　　　　〕個で，イーグルさんが用意したチョコレートの個数は，②〔　　　　〕個です。これは，5 セットの中で ③〔　　　　〕番目に多い個数なので，④〔　　　　〕ほうだとわかります。

中央値

いくつかの値を大きさの順にならべたときに，中央にある値（値の個数が偶数のときは，中央にある 2 つの値の平均）を中央値というよ。

たとえば **2** では，5 人が用意したチョコレートの個数を多い順にならべたとき，3 番目の値（えいこさんの 18 個）が中央値になるね。ある値が全体の中で多いほうか少ないほうかを考えるときは，中央値を基準にして考えるといいよ。

テストの点数について，平均点が発表されることがあるけれど，自分の順位が高いほうか低いほうかは，中央値と比べないとわからないんだ。中央値について知っているとかっこいいよ。

19 体積の挑戦問題 ①

学習日

月　日

得点

／100点

1 　4組のゆうき先生は、あつしさんに立体の体積を求める問題を出しています。

先生　：あつしさん、まずは直方体の体積を求めてみよう。
あつし：わかりました！

1 　右の直方体の体積は何 cm³ ですか。（20点）

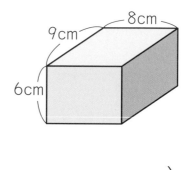

（　　　　　　　　）

先生　：次は、この立体を考えてみよう。この立体は、
　　　　何という名前かわかるかな？
あつし：角柱ですね。底面が台形だから……。四角柱で
　　　　すか？
先生　：そうだね。それでは、この四角柱の体積は求め
　　　　られるかな？
あつし：わかりません。
先生　：角柱の体積の求め方は、5年生では学習し
　　　　ないけれど、この四角柱の体積は、くふう
　　　　すれば求められるよ。同じ四角柱2つを、
　　　　右の図のように組み合わせると……。
あつし：あ！　直方体になりますね。

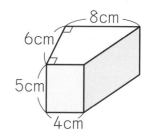

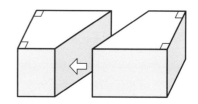

2 　この四角柱の体積は何 cm³ ですか。（20点）

（　　　　　　　　）

42

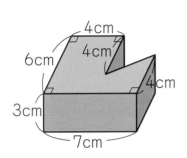

2 次の角柱は，何角柱ですか。また，体積は何 cm³ かを求めましょう。

①

- 4cm
- 4cm
- 6cm
- 4cm
- 3cm
- 7cm

名前 （　　　　　　　　　）

体積 （　　　　　　　　　）

②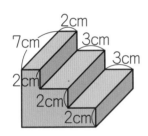

- 2cm
- 7cm
- 3cm
- 3cm
- 2cm
- 2cm
- 2cm

名前 （　　　　　　　　　）

体積 （　　　　　　　　　）

> **ヒント**
> **1**を参考にして考える。つまり，体積を求める角柱の形から，直方体を作って体積が求められないかを考えよう。

1　のりまささん，あつきさん，えいとさんの３人は，立体の体積を求める，ちょっとむずかしい問題に挑戦しました。

> 右の図のように，「＋」の形をした立体があります。この立体の体積は何 cm³ ですか。

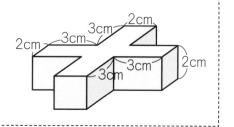

みんな体積を求めることができました。自分が求めた方法について，３人は次のように説明しています。

のりまさ：ぼくは，４つの直方体と１つの立方体に分けて体積を求めたよ。

あつき　：わたしは，この立体をふくむ大きな直方体を考えて，そこからいらないところをとる，と考えたわ。

えいと　：ぼくは，２つの長い直方体が真ん中で交わっていると考えたんだ。重なる部分ができるところに注意したよ。

①　３人が体積を計算した式としてあてはまるものは，それぞれ次の**ア〜エ**のどれですか。記号で答えましょう。（各１０点）

ア　8 × 8 × 2 −（3 × 3 × 2）× 4

イ　2 × 8 × 2 +（2 × 3 × 2）× 2

ウ　（2 × 8 × 2）× 2 − 2 × 2 × 2

エ　（2 × 3 × 2）× 4 + 2 × 2 × 2

のりまさ　(　　　　　　　　　)

あつき　(　　　　　　　　　)

えいと　(　　　　　　　　　)

② この立体の体積は何 cm³ ですか。（20点）

（ 　　　　　　　 ）

2 　1辺が8cmの立方体があります。この1つの面の真ん中に1辺が2cmの正方形をとり，そこから反対の面の真ん中までぬけるあなを開けます。

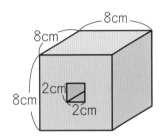

① このときできた立体の体積は何 cm³ ですか。
（20点）

（ 　　　　　　　 ）

② さらに，右の図のように，となりの面の真ん中に1辺が2cmの正方形をとり，そこから反対の面の真ん中までぬけるあなをあけます。このときできた立体の体積は何 cm³ ですか。（30点）

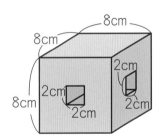

（ 　　　　　　　 ）

ヒント
あなの形がどうなっているかを考えよう。どこかで見た形であることに気づきたい。

45

21 論理クイズ ①

学習日　　月　　日
得点　　／100点

1　ビッツさんは，友達のゆきさんの家に遊びに行きました。ゆきさんは犬を飼っていて，子犬が４ひきいます。４ひきの名前は，ハルキ，ナツル，アキナ，フユンで，ゆきさんは子犬の生まれた順番について，次のように話しています。
「ナツルが生まれたのはハルキの次の次なの。アキナは前にもあとにも生まれた犬がいるよ。フユンはハルキよりもあとに生まれたの。」
フユンは４ひきのうち，何番目に生まれたでしょうか。(30点)

(　　　　　　　　)

2　ビッツさん，しげるさん，キショウさんが，ある月の１日から７日までの間で，いっしょに遊べる日について相談しています。

ビッツ　：２日と４日は用事があるんだ。
しげる　：月曜日，火曜日，金曜日，土曜日は遊べないんだ。
ビッツ　：ぼくが遊べない日は，しげるさんも都合が悪いんだね。
キショウ：ぼくは，偶数の日ならだいじょうぶ。ということは，３人で遊べるのはこの日しかないね。

３人で遊べるのは，何日の何曜日でしょうか。(30点)

(　　　　　　　　)

3 ビッツさん，しげるさん，キショウさんは，トランプで遊んでいます。しげるさんは，次の10まいのトランプを出しました。

マーク	ハート	クローバー	スペード	ダイヤ
数	1, 3, 12	11, 13	1, 8, 11	8, 12

　　しげるさんは，この中から1まいのカードを心の中で選びました。そして，ビッツさんにはカードのマークだけを教え，キショウさんにはカードの数だけを教えました。

ビッツ　　：しげるさんの選んだカードがどれか，ぼくはわからないよ。キショウさんもわからないよね。

キショウ：ぼくもわからなかったけれど，ビッツさんの話を聞いて，しげるさんの選んだカードがわかったよ。

ビッツ　　：そうか，それならぼくもわかったぞ！

　　しげるさんの選んだカードはどれでしょうか。マークと数をそれぞれ答えましょう。（各20点）

マーク　（　　　　　　　　　　　　　）

数　（　　　　　　　　　　　　　）

もし，しげるさんの選んだカードの数が3や13だとしたら，キショウさんには，わかってしまうね。

22　論理クイズ ②

1　ビッツさんがグレアプ商店街に行くと，クイズのキャンペーンをしていました。それぞれの店が出すクイズに正解すると，特別な商品や割引券がもらえます。ビッツさんははりきって，たくさんの店を回りました。

1　ランランレストランには，こんな看板が立っていました。

ランランレストランのデザートサービス

　4人の兄弟がランランレストランにならんで，レストランが開くのを待っています。ならんでいるのは前から順に，イチさん，ニコさん，サムさん，シロさんで，4人はこんな会話をしています。

ニコ：今日この店で食事をすると，好きなデザートをサービスしてくれるんだって。

シロ：ぼくの前の前にいる人の言っていることは本当だ。

サム：ぼくの前にいる人の言っていることはウソだね。

イチ：4人のうち，いちばん後ろにならんでいる人の言っていることは本当だ。

4人のうち，3人が言っていることは本当で，1人だけウソを言っています。

さて，今日はデザートのサービスをしているでしょうか？

　ウソを言っている人を答えましょう。また，この店で今日はデザートのサービスをしているかどうかを答えましょう。（各20点）

ウソを言っている人　（　　　　　　　　　　　）

デザートのサービス　（　　　　　　　　　　　）

2 パンを売っているべべべベーカリーに行くと，クイズコーナーには，パンの種類がわからないようにふくろに入ったパンがあり，こんな看板が立っていました。

べべべベーカリーのパン当てクイズ

　クイズコーナーにあるパンは，あんパン，食パン，カレーパンの3種類で，それぞれの種類に応じたカードがついています。あんパンについているカードには本当のことが，食パンについているカードにはウソが書かれています。カレーパンについているカードに書かれていることはウソか本当かわかりません。

　カード①「これはあんパンじゃないよ。」
　カード②「これはカレーパンではないぞ。」
　カード③「これは食パンではないです。」

　さて，それぞれどのパンかわかるでしょうか？　正解したら，割引券をプレゼント！

　　ビッツさんはカレーパンを買いたいと思っています。カード①，②，③のうち，どのカードがついたパンを買えばよいでしょうか。（30点）

（　　　　　　　　）

3 チーズ屋さんには，こんな看板が立っていました。

チーズをかじったネズミは？

　5ひきのネズミのうち，1ぴきがチーズをかじってしまいました。5ひきのネズミは，それぞれチーズをかじったネズミがだれか話していますが，5ひきのうち，3びきは本当のことを言っていて，残りの2ひきはウソを言っています。

　タータ：ツーツじゃないよ。
　チーチ：トートかツーツだよ。
　ツーツ：チーチはウソをついてるよ。
　テーテ：ツーツだよ。
　トート：チーチとテーテの言ってることは本当だよ。

　チーズをかじったネズミがわかった方には，新商品のチーズを差し上げます！

　　チーズをかじったのはどのネズミでしょうか。（30点）

（　　　　　　　　）

1 　4組のえいこさんは，クッキーを作っています。1辺31cmの正方形の角皿に焼く前のクッキーをならべて，オーブンで焼きます。角皿のはしから1cmはクッキーを置かず，クッキーとクッキーの間は1cmあけ，それ以外のすき間はないようにします。

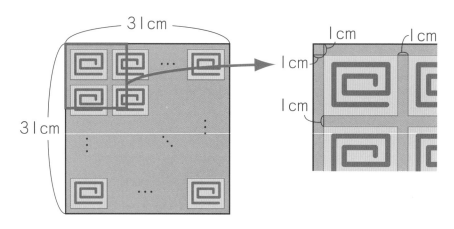

① 　たて4cm，横5cmの長方形のクッキーを，たて，横の方向を変えずに角皿に置いていくと，きれいにならべることができました。ならべたクッキーは何まいですか。(30点)

(　　　　　　　　)

これができるとかっこいい！

左上からすき間，クッキー，すき間と順にならべて数えることもできるけれど，くふうして数えられるとかっこいいよ。
たとえば右の図のように，すき間とクッキーをセットにして考えてみよう。

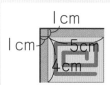

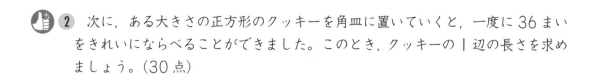 **2** 次に，ある大きさの正方形のクッキーを角皿に置いていくと，一度に 36 まい をきれいにならべることができました。このとき，クッキーの 1 辺の長さを求め ましょう。(30 点)

(　　　　　　)

3 たて 9cm，横 29cm の長方形のクッキーを角皿の上のはしから 1cm のとこ ろに置いたあと，できるだけ大きな正方形のクッキーをきれいにならべます。こ のとき，正方形のクッキーの 1 辺の長さを求めましょう。(40 点)

(　　　　　　)

51

24　約数を使おう ②

1　えいこさんは，作ったクッキーを友達にあげるため，ふくろに入れてラッピングしています。

(1)　35 まいのクッキーを余りが出ないように，同じまい数ずつふくろに入れます。このとき，何ふくろできるのか，考えられる数をすべて答えましょう。ただし，1 ふくろに全部入れるときもふくめて考えます。(20点)

（　　　　　　　　　　　　　　　　　　　　　　　）

(2)　えいこさんは，クッキーとあめを一緒にラッピングすることにしました。35 まいのクッキーと 15 個のあめを，余りが出ないようにそれぞれ同じ数ずつふくろに入れて，3 人分以上作ります。このとき，何ふくろできるのかを答えましょう。(30点)

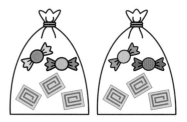

（　　　　　　　　　）

3 えいこさんはラッピングするため, 28 まいのクッキーと 21 個のラムネとプレゼント用のふくろを何ふくろか用意しました。まず, それぞれのふくろにクッキーを同じ数ずつできるだけたくさん分けると, クッキーは 4 まい余りました。そのあと, クッキーが入ったふくろに, ラムネを同じ数ずつできるだけたくさん分けると, ラムネは 5 個余りました。ふくろを何ふくろ用意したかを答えましょう。

(50 点)

(   )

はじめのクッキーとラムネの数から, 余った数をそれぞれひいて, ふくろに入れた数を使って考えよう。
余った数は, 作ったふくろの数より少なくなることに注意してね。

1　はるとさんたち5年生の運動委員は，運動会で3年生がおどるダンスの準備をしています。ダンスのフォーメーションは，次の⑦→⑦→⑦と変化します。

運動委員は，3年生がならぶのに必要な長さの白線を，校庭に引きます。

3年生は，運動委員が引いてくれた白線にそって2mおきにならびます。各フォーメーションにならぶ人数は32人です。

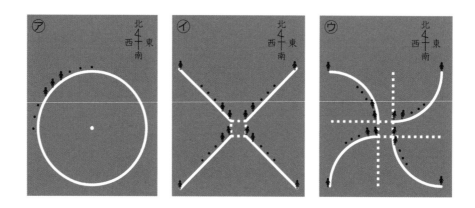

1　フォーメーション⑦では，円周を白線で引きます。この円の半径の長さを四捨五入して，小数第一位までの概数で求めましょう。ただし，円周率は3.14とします。(30点)

(　　　　　　)

2 フォーメーション④では，真ん中に点線でかいた正方形の 4 つの頂点から，それぞれ北東，南東，南西，北西の方向へ，等しい長さの直線を白線で引きます。この直線 1 本の長さを求めましょう。ただし，正方形の 4 つの頂点には人が立つものとします。(30 点)

(　　　　　　　　　)

3 フォーメーション⑤では，真ん中に点線でかいた正方形の 4 つの頂点から北，東，南，西の方向に点線をのばします。そして，のばした点線のはしの点を中心，のばした点線の長さを半径とする円周の 4 分の 1 を，反時計回りに白線で引きます。このばした点線 1 本の長さを四捨五入して，小数第一位までの概数で求めましょう。ただし，正方形の 4 つの頂点には人が立つものとし，円周率は 3.14 とします。(40 点)

(　　　　　　　　　)

1　運動委員のはるとさんは，運動会で使う道具を準備しています。

　リレーで使うバトンは，半径1.5cmの円を底面とした円柱の形をしています。はるとさんは，バトンがバラバラにならないようにひもで結びます。ただし，ひもはたるまないものとし，結び目に必要なひもの長さは10cm，円周率は3.14とします。

① バトン2本をまとめてひもで結ぶときに必要なひもの長さを求めましょう。

（30点）

（　　　　　　　　　　　）

② バトン4本をまとめてひもで結びます。下の**図ア**と**図イ**のように結ぶときに必要なひもの長さは，どちらのほうが何cm短いでしょうか。（30点）

図ア

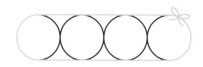

図イ

（　　　　　　のほうが　　　　　　cm短い。）

2 わくわく小学校の運動会では，5年生は作ったおみこしをかついで競争します。

はるとさんのいる5年1組では，空きかんでおみこしを作ります。空きかんは，直径6.6cmの円を底面とした円柱の形をしています。

右の図のように，19個の空きかんを，3個，4個，5個，4個，3個と順にきちんとならべます。そして，とうめいな太いテープを，空きかんにそってたるまないように1周まきつけ，最後にまき始めた部分に10cm重ねてテープを切ります。

このとき，空きかんにまきつけるのに必要なテープの長さを四捨五入して，小数第一位までの概数で求めましょう。ただし，円周率は3.14とします。(40点)

(　　　　　　　　　　)

　　　正六角形の特別な性質

右の図のように，正六角形の各頂点を中心として，各辺の長さの半分を半径とした円を6つかくよ。この6つの円の内側に，周りの6つの円に接する円をかくことができるんだ。この内側の円の半径は，周りの6つの円の半径と等しくなるよ。これは，点線で囲まれた三角形が正三角形になっていることからわかるね。

同じように正方形や正八角形で考えると，どちらも点線で囲まれた三角形は正三角形ではないので，周りの円の半径と内側の円の半径は等しくならないことがわかるよ。

このように，周りの円の半径と内側の円の半径が等しくなるのは，正六角形のときだけの特別な性質なんだね。

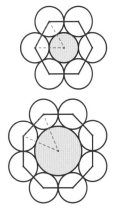

27 投票しよう ①

1 わくわく小学校では，もうすぐウキウキ祭りが行われます。ウキウキ祭りでは，5，6年生が出し物をして，4年生以下の児童が遊びにきます。ひろとさんのいる5年1組でも出し物の内容を話し合っていますが，まとまりません。

1 まずは，出ている案を次の3種類に分けました。

> ● ゲーム　・ボーリング　・射的　・輪投げ　・魚つり　・宝さがし
> ● 工作　　・風鈴　・和紙　・ほかけ船　・草木ぞめ
> ● 体験　　・おばけ屋敷　・迷路

1組の33人全員が，ゲーム，工作，体験の3種類の中から1種類だけ書いて投票し，票がいちばん多かった種類の中から決めることにしました。ひろとさんはゲームがいいなと思っています。必ずゲームに決まるためには，ゲームに何票以上入ればよいでしょうか。(30点)

(　　　　　　　　　)

> ヒント
> ゲームに決まるために必要な票数がいちばん多くなるのは，どんなときかを考えよう。

2 ひろとさんの希望通り，5年1組の出し物はゲームに決まりました。

次は，具体的にどんなゲームにするかを決めます。いま挙がっている5つの中から3つ選ぶことにしました。1組の33人全員がこの5つの中から1つだけ書いて投票し，票の多かった順に3つ決めます。ひろとさんは輪投げをやりたいなと思っています。

① 必ず輪投げに決まるためには，輪投げに何票以上入ればよいでしょうか。

(30点)

(　　　　　　　　　)

② 投票が終わり，開票結果が出そろいました。のりこ先生が，結果を1位から順に発表していきます。1位は射的10票，2位はボーリング8票でした。

3位が輪投げ，4位が魚つり，5位が宝さがしとするとき，輪投げと魚つりと宝さがしの票数の組み合わせとして考えられるものを，下の解答欄にすべて答えましょう。なお，解答欄はすべて使うとは限りません。(40点)

輪投げ	魚つり	宝さがし
票	票	票
票	票	票
票	票	票
票	票	票
票	票	票

1　楽しかったウキウキ祭りはあっという間に終わってしまいました。4年生以下の児童525人全員が下のルールにしたがって、1人2票ずつ投票します。

投票のルール
・票を入れることができるのは4年生以下の児童
・6年生の中から1クラスを選んで1票入れる
・5年生の中から1クラスを選んで1票入れる

　6年生の3クラスの中で票がいちばん多かった1クラス、5年生の4クラスの中で票が多かった順に2クラスを、学校集会で校長先生が表彰します。
　とうとう投票期間が終わり、各クラスに入った票数を数えている途中です。

1　この時点で6年生の各クラスに入っている票数は、次の表の通りです。

6年1組	6年2組	6年3組
86票	191票	142票

①　6年2組が6年生の中で必ず1位になるためには、あと何票以上入れればよいでしょうか。(30点)

(　　　　　　　　)

②　6年1組が6年生の中で1位になる可能性はありますか。答えは、「ある」「ない」のいずれかで答えましょう。(30点)

(　　　　　　　　)

2 この時点で 5 年生の各クラスに入っている票数は，次の表の通りです。

5年1組	5年2組	5年3組	5年4組
89 票	45 票	138 票	162 票

5 年 2 組が 5 年生の中で 2 位までに入る可能性はありますか。理由とともに答えましょう。(40 点)

5年4組は確実に表彰される

実は，5 年 4 組が表彰される（2 位までに入る）ことは，もう決まっているんだ。この時点で各クラスに入っている票数から計算して，確かめることができるよ。考えてみよう！
（計算のしかたは，「解答・解説」で確認してね。）

学習日

　　　　月　　　日

得点

／100点

1　つとむ先生は，テストで2組のみんなが立てた式について話しています。

先生　　：これまでに，式を立てて，答えを求める問題にいっぱい挑戦してきたよ
　　　　　ね。先生が丸つけをするときには，「どんな考え方をしたのかな？」「正
　　　　　しく考えることができたのかな？」ということを，式からしっかり読み
　　　　　取っているんだよ。

ゆりこ　：式だけから読み取ることができるなんて，先生すごいわ。

先生　　：みんなが一生けん命解いて出した答えだから，先生もがんばって丸つけ
　　　　　をしているんだ。みんなの力がグングンのびるといいな。

ふみかず：先生，かっこいい！

先生　　：ありがとう。この前，五角形の5つの角度の和を求める問題をテストで
　　　　　出したよね。ゆりこさん，ふみかずさん，たかのぶさんが立てた式から，
　　　　　先生は，次の図のように直線を引いて解いたと思ったよ。

ゆりこさん　　　　　　ふみかずさん　　　　　　たかのぶさん

たかのぶ：先生，その通りです。すごいなぁ。

　ゆりこさん，ふみかずさん，たかのぶさんは，それぞれどのような式を立てて，五角形の5つの角度の和を求めたのかを答えましょう。（各20点）

　　　　1　ゆりこ　（　　　　　　　　　　　　　　　）

　　　　2　ふみかず　（　　　　　　　　　　　　　　）

　　　　3　たかのぶ　（　　　　　　　　　　　　　　）

2 多角形の対角線の本数について，次の問いに答えましょう。

① 五角形の対角線の本数は何本ですか。（20点）

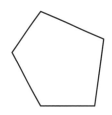

（　　　　　　　　　）

② 多角形の対角線の本数を簡単に求める公式があります。

> 多角形の頂点の数を□個とすると，対角線の本数は，
> （□−3）×□÷2　（本）
> と表すことができる。

この式をどのように立てたのかを，次の手順を参考にして説明しましょう。

（20点）

[手順1] 1つの頂点から引ける対角線の本数を考える。
[手順2] その他の頂点についても，同じように本数を考える。
[手順3] 下の図のように，逆向きの対角線があることに注意する。

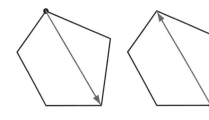

学習日

月　日

得点

／100点

1 マッチぼうが次のように置かれています。

ごうさんとビッツさんは，次の式を立ててマッチぼうの本数を求めました。

ごう

$$1 + 3 \times 8 = 25 \ (本)$$

ビッツ

$$4 + 3 \times (8-1) = 25 \ (本)$$

ごうさんとビッツさんがどのように考えたのかを式から読み取り，説明しましょう。（各20点）

ごうさんの考え方

ビッツさんの考え方

2 おはじきが右の図のように置かれています。めろんさん，えるさん，まりおさんは，次の式を立てておはじきのまい数を求めました。どのように考えたのかを式から読み取り，図も使って説明しましょう。

（各20点）

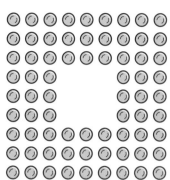

①

$$3 \times 3 \times 8 = 72 （まい）$$

②

$$9 \times 9 - 3 \times 3 = 72 （まい）$$

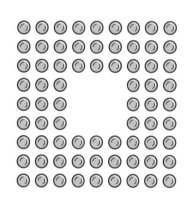

③

$$6 \times 3 \times 4 = 72 （まい）$$

31 円高と円安 ①

1 キショウさんとビッツさんは，ニュースでよく聞く「円高」「円安」について理解するため，ゲームをすることにしました。ゲームの中で，キショウさんは日本に住んでいて，通貨は「円」，ビッツさんはビッツ国に住んでいて，通貨は「ビーツ」ということにしました。

日本とビッツ国の間で，旅行に行ったり，輸入や輸出をしたりするときには，円とビーツを交換する必要があり，何円で1ビーツと交換できるかの比率は常に変化しています。

1 キショウさんとビッツさんは，円とビーツを交換するときのことを考えてみました。次の□にあてはまる数を書き入れなさい。（各10点）

1ビーツ200円のとき，51ビーツは ① ［　　　　　］ 円。

1ビーツ150円のとき，6000円は ② ［　　　　　］ ビーツ。

3ビーツ480円のとき，17ビーツは ③ ［　　　　　］ 円。

2 ビッツさんは，円の値うちの変化について考えました。

昨日は1ビーツ200円で，今日は1ビーツ125円になったとします。このとき，1000円と交換するために必要なビーツを考えます。昨日と今日では，どちらのほうが何ビーツ高いですか。（30点）

（　　　　　　　のほうが　　　　　　ビーツ高い。）

3 キショウさんとビッツさんが，円高と円安について話しています。

キショウさん
「外国のお金に対して，円の値うちが上がることを円高，下がること
を円安というんだよね。」

ビッツさん
「昨日は1ビーツ100円で，今日は1ビーツ200円になったとす
ると，ビーツに対して円の値うちが下がったことになるから，円安に
なったんだね。」

　昨日は1ビーツ100円でした。次の**ア**～**エ**の中で，昨日に比べて円高になっ
ているものをすべて選び，記号で答えなさい。(10点)

ア　1ビーツ50円　　　　　　**イ**　1ビーツ120円
ウ　50ビーツ5500円　　　　**エ**　40ビーツ3000円

（　　　　　　　　　）

1ビーツの金額がどう変化す
ると円高になったといえる
のかな。

4　キショウさんは，1ビーツ160円のときに24000円をビーツにかえてビッ
ツ国に旅行に行き，112ビーツ使いました。日本に帰ってきたときには，1ビー
ツ200円になっていました。残ったビーツを円にかえると，何円になりますか。
（式15点・答え15点）

式

答え　（　　　　　　　　　）

円高と円安 ②

1 キショウさんとビッツさんがゲームをしています。ゲームの中で，キショウさんは日本に住んでいて，通貨は「円」です。また，ビッツさんはビッツ国に住んでいて，通貨は「ビーツ」です。

1 キショウさんは，ビッツ国に車を輸出することにしました。1台2400000円の車をビッツ国で売ります。1ビーツ100円のときに20台，1ビーツ120円のときに30台売れたとすると，キショウさんがビッツ国で車の代金として手に入れたのは何ビーツですか。(式15点・答え15点)

式

答え （ ）

2 キショウさんは，ビッツ国から1個25ビーツのうで時計を輸入することにしました。キショウさんは，840000円でできるだけ多くの，うで時計を買いたいと思っています。1ビーツ96円のときと，1ビーツ112円のときではどちらのほうが何個多く買えますか。(式20点・答え20点)

式

答え （1ビーツ 円のときのほうが 個多く買える。）

3 キショウさんは，1ふくろ5ビーツのビスケットをビッツ国で買って，利益はないものとして日本で売ります。ビスケットを日本で売るとき，1ふくろ50円の値上げにつき，1日の売り上げは30ふくろ減ります。

次の□にあてはまる数を書き入れなさい。(各15点)

1ビーツ90円のとき，ビスケットは日本では1日に360ふくろ売れます。1ビーツ120円のとき，ビスケットは日本では1日に

① □□□□ ふくろ売れるので，1日の売り上げは ② □□□□ 円になります。

まずは，ビスケット1ふくろのねだんを円になおすことを考えてみよう。1ビーツ90円のときと，1ビーツ120円のときに，それぞれ何円になるかな？

円高・円安と輸出・輸入の関係

❷では，日本で持っている金額が同じでも，1ビーツが何円と交換できるかによって，ビッツ国で買えるうで時計の個数が変わることがわかるね。

円高のときは円の値うちが上がるので，外国のものを安く買えるんだ。だから，円高のときに輸入をしたり，海外旅行に行ったりするとお得だね。

でも，輸出をしている会社は，円高のときには売り上げや利益が減ってしまうんだ。この関係を知っているとかっこいいよ！

33 速さのおもしろい問題①

1　せいごりさん，ゆりさん，たかのぶさんの3人は，明日ばっちり図書館で会う計画を立てています。それぞれの家を出発して，3人同時に図書館に着くようにします。3人の会話を読んで，次の問いに答えましょう。

せいごり

> ぼくは9時42分に出発して，秒速1mの速さで歩いていくよ。

ゆり

> わたしは図書館までの1.35kmを，分速45mの速さで歩けばいいね。

たかのぶ

> ぼくは自転車で行くよ。9時50分に出発して，図書館までの5kmを時速15kmの速さで向かえば，3人とも同じ時刻に図書館に着くね。

① せいごりさんの家から図書館までの道のりは何kmですか。(30点)

（　　　　　　　　）

② ゆりさんが家を出発する時刻は何時何分ですか。(20点)

（　　　　　　　　）

2 せいごりさん，ゆりさん，たかのぶさんは，ばっちり図書館に着きました。動物好きのせいごりさんは，動物の走る速さを調べることにしました。見つけた本には，5種類の動物の速さだけでなく，速さの問題も書かれていました。

ゴリラ　時速40km

ネコ　時速48km

キリン　時速60km

ウマ　時速88km

チーター　時速120km

<u>問題</u>　この5種類のうち，2種類の動物が上の速さで15秒間走りました。
走った道のりの差が200mのとき，走った2種類の動物は何でしょう。

上の問題を読んで，走った2種類の動物を答えましょう。(20点)

(　　　　　　　と　　　　　　　　)

3 宇宙に興味があるゆりさんは，太陽から出た光が地球にとどくまでにどのくらいの時間がかかっているのかを知りたくなりました。ばっちり図書館の本には，その時間を求めるためのヒントが書かれていました。

・光の速さは秒速30万km
・地球と太陽の間のきょりは1億5000万km

このヒントを使って，太陽から出た光が地球にとどくまでにかかる時間が何分何秒かを求めましょう。(式15点・答え15点)

式

答え (　　　　　　　　　　)

学習日

月　日

得点

／100点

1 正午に，せいごりさんの家によしきおじさんが遊びにきます。

1 よしきおじさんがきたら，みんなですき焼きを食べることにしました。せいごりさんのお母さんは，せいごりさんに買い物をお願いしました。

家とスーパーマーケットは720mはなれています。せいごりさんは10時40分に家を出発して，11時20分までに家にもどってきたいと思っています。家とスーパーマーケットの間を分速60mで歩きます。スーパーマーケットでは，何分以内で買い物をすませればよいですか。(20点)

(　　　　　　　　　)

2 よしきおじさんがきて，みんなですき焼きをおいしく食べています。よしきおじさんは外国で使われている長さの単位について，せいごりさんに教えてあげています。

おじさん：長さの単位として,「マイル」や「フィート」を使っている国があるんだ。せいごりは聞いたことがあるかな。このとき,速さを「時速100マイル」のように表すよ。

せいごり：この前，アメリカのメジャーリーグの野球中継で，アナウンサーがピッチャーの投球に対して時速100マイルと言っていたかも。

おじさん：1マイルは1.609344km。約1.6kmだよ。時速100マイルの球の速さは，時速160kmくらいということになるね。

せいごり：とても速い球を投げたから,アナウンサーは絶叫していたんだね。よしきおじさん，外国で使っている長さの単位にくわしくなりたいから，いろいろ教えてほしいな。

おじさん：もちろん。すき焼きを食べた後に問題を作ってあげるよ。

よしきおじさんが作った2問に挑戦しましょう。1マイルは1.6kmとします。

① 時速30マイルで走るオートバイの速さは、分速何m
ですか。(式10点・答え10点)

式

答え （ 　　　　　　　　）

② 時速30マイルで走るオートバイが3分3秒間で進む道のりは、8000
フィートです。このことから、1フィートは何cmとわかりますか。

(式15点・答え15点)

式

答え （ 　　　　　　　　）

3 物知りのよしきおじさんは、「マッハ」という速さの単位もせいごりさんに教え
てくれました。せいごりさんは、長さや速さの単位にもっとくわしくなれて、と
てもうれしそうです。

音が空気中を進む速さを「マッハ」という単位で
表すよ。マッハ1は秒速約340m。
宇宙には「国際宇宙ステーション」という巨大
な施設があるんだ。地球のまわりを1周90分
という速さで回りながら、地球や天体の観測など
を行っているよ。

国際宇宙ステーションが地球のまわりを1周するときの道のりを42570km
とします。このとき、国際宇宙ステーションの速さをマッハで表します。小数第
一位を四捨五入して、整数で答えましょう。(30点)

（マッハ 　　　　　　）

1 ビッツさんは，コツコツためたお金で，好きなメーカーのジーンズを2本買います。ジーンズ1本の定価は5800円です。できるだけ安く買いたいので，ビッツさんは3つのデパートをまわり，代金の合計を比べることにしました。

下の図は，ビッツさんが調べた結果です。どのお店も定価より安く買えるキャンペーンを行っていました。

ひきひきデパート 定価から20%引き	とくとくデパート 定価から1500円引き	やすやすデパート 2本目は半額

❶ ひきひきデパートでジーンズ1本買ったときの代金を，ぼうの長さで表します。下の図の**ア〜ウ**の中で，正しく表しているものを1つ選びなさい。（20点）

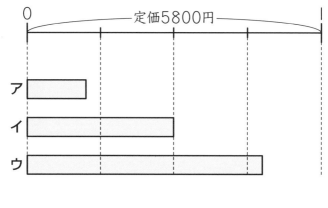

（　　　　　　　）

❷ ビッツさんはどのデパートで買うといちばん安く買えるかを考えました。いちばん安く買えるデパートの名前と，代金の合計を答えなさい。（各10点）

デパートの名前 （　　　　　　　）

代金の合計 （　　　　　　　）

👍 **3** ビッツさんは，ジーンズのねだんの付け方に興味をもちました。とくとくデパートのお兄さんに聞いてみたところ，特別に教えてくれました。

ビッツ ：ジーンズを安く売っても，デパートは損をしないんですか？ 1500円も値引きしているから知りたくなりました。

お兄さん：利益は減ってしまうけれど，損はしないよ。ジーンズの仕入れ値の4割5分の利益をふくんで，定価5800円となっているんだ。多くのお客さんに，とくとくデパートで買い物をしてほしいので，定価から1500円値引きするキャンペーンを開いているんだよ。

お兄さんの話を読んで，とくとくデパートで，キャンペーン中にジーンズが1本売れたときの利益を求めましょう。(30点)

(   )

👍 **2** ジューシーフルーツ店では，オレンジのねだんを昨日から20%上げました。すると，今日売れたオレンジの個数は昨日より減ってしまいましたが，今日売れたオレンジの合計金額は昨日より8%増えました。このとき，今日売れたオレンジの個数は昨日の何%ですか。(30点)

(   )

> **ヒント**
> (ねだん) × (売れた個数) = (売れた合計金額)
> 「ねだん」と「売れた合計金額」が，それぞれ昨日の何倍になったかを考えよう。

36 割合に強くなろう ②

1　ドリンク王スーパーでは，ジュースのキャンペーンを行っています。ジュースをある本数をこえて買うと，こえた分のねだんは定価より同じ割合だけ安くなるそうです。下の表は，本数と代金の関係をまとめたものです。

本数（本）	5	6	7	…	10	11	12
代金（円）	600	720	840	…	1164	1272	1380

1　ジュースをある本数をこえて買ったとき，こえた分のねだんは定価の何%安くなりますか。（式10点・答え10点）

式

答え（　　　　　　　　　　）

2　ジュースを何本をこえて買うと，定価より安く買うことができますか。求め方と合わせて説明しましょう。（20点）

ヒント

答えは「10本」でないことに注意。10本を「定価で買ったときの代金」と「安く買えたときの代金（1164円）」のちがいに注目して考えてみよう。

2 　電車の定員数をもとにしたときの乗客数の割合を「乗車率」といいます。ゴールデンウィークや年末年始のニュースなどで，電車の混み具合を示す数としてよく使われています。
　　今，7両編成の電車に1225人乗っていて，乗車率は140%です。このとき，次の問いに答えましょう。

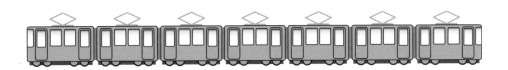

① 　この電車の定員数は何人ですか。（式10点・答え10点）

　 式

　　　　　　　　　　　　　　　　　　答え （　　　　　　　　　　）

② 　この電車に少なくともあと何両あれば，今の乗車率を100%以下にできますか。ただし，1両あたりの定員数は同じものとします。（20点）

　　　　　　　　　　　　　　　　　　　　（　　　　　　　　　　）

③ 　グレアプ駅で乗客の20%がおりました。グレアプ駅でだれも電車に乗ってこなかったとすると，乗車率は何%になりますか。（20点）

　　　　　　　　　　　　　　　　　　　　（　　　　　　　　　　）

1 しげるさんはある夜, おかしな夢をみました。夢の中では王かんをかぶったビッツさんがいました。

「ぼくはプアドレグ王国のビッツ王です。しげるさんには, この国でみんなにアイスクリームを売ってほしいんだ。」

そうお願いをされて, しげるさんはアイスクリーム屋さんを開くことになりました。

① 町へ行くため, しげるさんは並木道を通ります。木の上の小鳥が言いました。

「ここに植えられている木は全部で250本です。その中でグググの木は90本だから, 全体に対する割合を小数で求めると ①☐☐☐ で, レレレの木は15本だから, 全体に対する割合を百分率で求めると ②☐☐☐ ％です。ドドドの木の中で, 赤い花をつけるのは36本で, これはドドドの木全部の本数の45％です。だから, ドドドの木は全部で ③☐☐☐ 本です。」

上の☐にあてはまる数を書き入れましょう。(各10点)

② 並木道を過ぎると, くまとうさぎが輪投げをしていました。右の表はくまとうさぎの輪投げの結果をまとめたものです。輪投げが上手なのは, くまとうさぎのどちらですか。

(式10点・答え10点)

	くま	うさぎ
投げた回数（回）	70	75
入った回数（回）	56	57

式

答え（　　　　　　）

3　町へ来たしげるさんは,プアドレグ王国のみんなの好きなものを調べようと,くだもの屋さんに行きました。

　下の帯グラフは,くだもの屋さんでこの1か月に売れたくだものの割合を表したものです。売れたりんごの割合を歩合で答えなさい。また,1か月に売れたくだものが全部で6200個のとき,りんごは何個ですか。(各10点)

1か月に売れたくだものの割合

なし	りんご	もも	その他

```
0   10  20  30  40  50  60  70  80  90 100%
```

割合　（　　　　　　　　　　　）

個数　（　　　　　　　　　　　）

4　しげるさんは,アイスクリームの材料を買うために,お店を回りました。プアドレグ王国のお金の単位はビーツです。

　定価が500ビーツのアイスクリームの材料を,アッププ商店では定価の17%引きのねだんで,ゼットト商店では定価の75ビーツ引きのねだんで売っています。どちらの商店のほうが何ビーツ安いでしょうか。(30点)

（　　　　　　　商店のほうが　　　　　　ビーツ安い。）

38 割合のプアドレグ王国 ②

1 　しげるさんは, プアドレグ王国でアイスクリーム屋さんを開きました。うさぎやくまやビッツ王がアイスクリームを買いに来て, しげるさんの店はとてもにぎやかです。プアドレグ王国のお金の単位はビーツなので, みんなビーツコインで支はらいます。

① 　しげるさんの店のアイスクリームは１個2600ビーツです。この定価は, アイスクリーム１個にかかる材料費に, 材料費の30%の利益を見こんでつけたねだんです。アイスクリーム１個にかかる材料費は何ビーツですか。

（式10点・答え10点）

式

答え（　　　　　　　　　　　　）

② 　しげるさんの店で, 新商品のキャラメルスペシャルアイスを売り出します。材料費は１個3600ビーツで, 材料費の１割５分の利益を見こんで定価をつけました。ただし, 初めの３日間はキャンペーンとして定価の１割引きで売り出します。キャンペーンのときのねだんは１個何ビーツですか。

（式15点・答え15点）

式

答え（　　　　　　　　　　　　）

80

3 右の表は，しげるさんが店を開いてから売れたアイスクリーム600個について，買った相手を調べた結果です。

小鳥が買ったアイスクリームの個数は ① ＿＿＿＿＿＿ 個，ビッツ王が買ったアイスクリームの割合は ② ＿＿＿＿＿＿ ％，くまとうさぎが買ったアイスクリームの個数は合わせて ③ ＿＿＿＿＿＿ 個，その他の相手が買ったアイスクリームの個数は ④ ＿＿＿＿＿＿ 個です。

上の□にあてはまる数を書き入れましょう。また，表の結果を右の円グラフに表しましょう。（各10点）

相手	個数（個）	割合（%）
小鳥	?	7
くま	?	13
うさぎ	?	17
ビッツ王	138	?
その他	?	?
合計	600	100

アイスクリームを買った相手の割合

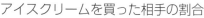
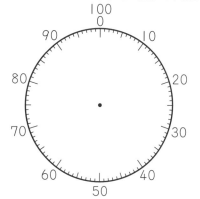

グラフの使い分け方

どんなときにどんなグラフを使うといいか知っているとかっこいいよ。
変わっていくものの様子を表すときは「折れ線グラフ」，いくつかのものの数や量を比(くら)べるときは「ぼうグラフ」，全体をもとにしたそれぞれの部分の割合を表すときは「円グラフや帯グラフ」を使うといいよ。グラフをかくときは，目的に合わせて使い分けよう。

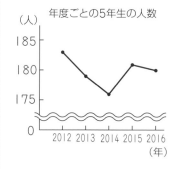

年度ごとの5年生の人数

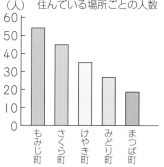

住んでいる場所ごとの人数

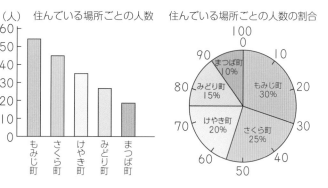

住んでいる場所ごとの人数の割合

39　多角形のひみつ ①

1　しげるさんとかのんさんは，どんな３つの長さでも，三角形をかくことができるかどうかを調べています。

しげる：３つの長さが同じなら，正三角形だから，コンパスを使ってかくことができるよね。

かのん：そうだね。３つの長さが「どれも１cm」のときは，次の手順でかけるわ。

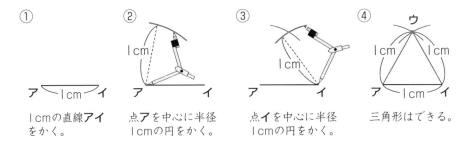

①　１cmの直線**アイ**をかく。

②　点**ア**を中心に半径１cmの円をかく。

③　点**イ**を中心に半径１cmの円をかく。

④　三角形はできる。

しげる：３つの長さが「１cm，１cm，２cm」のときはどうかな？　コンパスを使って考えると……。

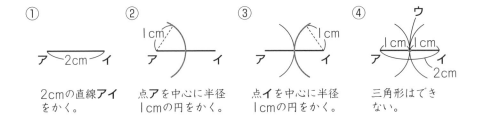

①　２cmの直線**アイ**をかく。

②　点**ア**を中心に半径１cmの円をかく。

③　点**イ**を中心に半径１cmの円をかく。

④　三角形はできない。

かのん：コンパスのあとが交わった点**ウ**が，直線**アイ**の上にあるね。だから，点**ア**と点**ウ**，点**イ**と点**ウ**を結んでも三角形ができないわ。

①　２人の会話をヒントにして，３つの長さが（2cm，2cm，3cm）の三角形と，３つの長さが（1cm，2cm，4cm）の三角形をかくことができるかどうかを考えましょう。答えは，「できる」「できない」のいずれかで答えましょう。

（各20点）

（2cm，2cm，3cm）の三角形　（　　　　　　　　）

（1cm，2cm，4cm）の三角形　（　　　　　　　　）

2 3つの長さにどのようなきまりがあるときに, 三角形をかくことができますか。
きまりを発見して説明しましょう。(20点)

$$\Big[\qquad\qquad\qquad\qquad\qquad \Big]$$

「2つの長さの和」と「残りの1つの長さ」の間に, 何かきまりがありそうだ！

2 長さが1cm, 2cm, 3cm, 4cmの針金がたくさんあります。この中から3本選び, 針金のはしとはしをつなげて三角形を作ります。このとき, 三角形は全部で何種類できますか。ただし, 合同な三角形は同じものと考えます。(40点)

$$(\qquad\qquad\qquad)$$

(4cm, 4cm, 4cm) のとき,
(4cm, 4cm, 3cm) のとき,
(4cm, 4cm, 2cm) のとき, ……
のように. 長い長さを左にかいて整理して考えていくと, 数えもれを防げるよ。

40 多角形のひみつ ②

1 よしあきさんは，円を使って正六角形をかく方法を学校で習いました。宿題で正六角形をかいているときに，次の疑問が生じました。

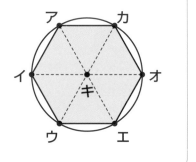

よしあきさんの疑問

正六角形がかけた。正六角形の頂点や円の中心を結ぶと，いろいろな三角形ができそうだ。正三角形や二等辺三角形もあるぞ。全部で何個できるんだろう？

上の図の点ア～点カは正六角形の頂点を表し，点キは円の中心を表しています。いま，点ア～点キの7つの点のうち，3つの点を頂点とする三角形が何個できるかを考えます。

1 点キが三角形の頂点の1つになるとき，三角形は何個できますか。（30点）

（　　　　　　　）

> **ヒント**
> 1つの直線の上に3つの点があるとき，三角形ができないことに注意しよう。たとえば，「点ア，点エ，点キ」のとき。

2 三角形は全部で何個できますか。（30点）

（　　　　　　　）

2 よしあきさんの夢は，サッカー日本代表になることです。グレアプ少年団で，毎日サッカーの練習をがんばっています。よしあきさんは，練習中にサッカーボールのもようを見たとき，2種類の正多角形でできていることに気づき，少年団のコーチに話しかけました。

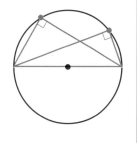

よしあき：サッカーボールは，正五角形のまわりを正六
　　　　　　角形が囲むように組み合わせて作られていま
　　　　　　すね。

コーチ　：よしあきさんは，いい発見をしたね。正五角形が何個あるか数えてごら
　　　　　　ん。

よしあき：1個，2個，…，12個。12個ありました！　六角形の数は……。

コーチ　：よしあきさん，数えるのを待って。計算で求める方法があるんだ。1個
　　　　　　の正五角形のまわりを，何個の正六角形が囲んでいるかに注目して考え
　　　　　　てごらん。

よしあき：はい！　練習後に挑戦します！

　このサッカーボールに正六角形が何個あるかを，計算で求めましょう。

（式20点・答え20点）

> **式**

> **答え** （　　　　　　　　　　　　　）

知って
いたら かっこいい！ ──────── **円の直径と円周の上の点で，直角三角形ができる**

　1で，「点ア，点イ，点オ」を頂点とする三角形は，直角三角形になるよ。三角定規の直角の部分を当てて確認してみよう。
　いま，右の図のように円の直径を引くよ。そして，円周の上に1点をとり（ただし，直径の両方のはしの点をのぞく），直径の両方のはしの点とそれぞれ結んでみよう。結んでできた2つの直線が作る角は，いつも90°になるんだ。コンパスと三角定規を使って，確かめてみてね。

41 概数に強くなろう ①

1 まゆさんの家族は，10月から一円玉貯金をしています。10000まいためて，おじいさんとおばあさんにプレゼントをあげたいと思っています。

下の表は，10月〜1月にためた一円玉のまい数をまとめたものです。

10月	11月	12月	1月
2953まい	1849まい	1509まい	2819まい

まゆさんと弟は，概数を使って，どの位の一円玉がたまったかを調べています。

1 まゆさんは，各月のまい数を切り上げて，千の位までの概数にして和を求めました。すると，まだ10000まいたまっていないことがわかりました。その理由を説明しましょう。(30点)

2 まゆさんの弟は，各月のまい数を切り捨てて，百の位までの概数にして和を求めました。すると，あと1000まいあれば，必ず10000まいたまることがわかりました。その理由を説明しましょう。(30点)

2 まゆさんの家族は，庭に花だんを作って，野菜を作ることになりました。

1 まゆさんは，長方形の花だんを作ります。たての長さが3.2mで，面積が15m²以上18m²以下になるようにします。横の長さは，何m以上何m以下にすればよいですか。四捨五入して小数第一位までの概数で答えましょう。(20点)

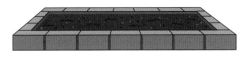

$$(\qquad\qquad\qquad)$$

2 まゆさんは，**1**の花だんの横の長さを4.8mに決めました。いま，花だんのまわりに一周するようにかざりを置いて，花だんをかわいくします。0.25mおきに置くとき，かざりは何個必要ですか。

(式10点・答え10点)

式

答え $(\qquad\qquad\qquad)$

ヒント
「かざりの数」と「かざりとかざりの間の数」の関係を考えよう。

42 概数に強くなろう ②

1 まゆさんは，野菜を作るために必要なものを買いに，3000円を持ってスーパーに行きました。382円の野菜の種，671円の野菜のなえ，1295円の肥料，525円の殺虫剤を買おうとしています。まゆさんはレジに行く前に見当をつけたところ，3000円ですべて買えることがわかりました。その理由を説明しましょう。

(30点)

実際の数で計算するより，見当をつけるほうが簡単に確かめられるね。

2 のりこ先生は，概数の挑戦問題をつくりました。1組のみんなが一生けん命取り組んで，算数の力がもっとのびることを願っています。

① ある整数に，12と345と6789をたしました。そして，その答えを四捨五入したところ12300になりました。ある整数として考えられるもののうち，いちばん小さい数はいくつですか。(20点)

(　　　　　　　)

88

2 12でわったとき，商の小数第一位を四捨五入すると34になる整数を考えます。このような整数をすべてたすと，いくつになりますか。(20点)

（　　　　　　　　）

3 ハイレベル王国では，商品を買うと定価の8%の消費税がかかります。1円未満の消費税を切り捨てるとき，1000円で買うことができる商品の定価は，いちばん高くて何円ですか。(30点)

（　　　　　　　　）

これができると かっこいい！

3はとても間違えやすいよ。「1円未満の消費税を切り捨てる」という条件に注意して考えよう！

43 復習して力をのばそう ①

これまでに,むずかしい文章題にたくさん挑戦しましたね。第43回と第44回では,まとめの問題に取り組みます。しっかり復習して,算数の力をもっとのばしていきましょう。

1 （第1回の復習）

デジタル時計の数字を使って,次のように日時を表します。

このとき,月,日,時,分,秒が1けたの数のときは,十の位に0をおぎなって,2けたの数で表すものとします。

いま,ビッツさんは,「07月23日19時56分48秒」のように,0から9までの数字をすべて使って表される日時について調べています。このような日時の中でいちばんおそいのは,何月何日何時何分何秒ですか。ただし,いちばんおそい日時は,「2020年」のように,ある1年間の中で考えるものとします。(40点)

（　　　　　　　　　　　　　）

第1回では,いちばん早い日時を考えたね。いちばんおそい日時が気になったから,調べてみたよ。

2 （第11回の復習）

$\dfrac{15}{37}$ を小数で表したとき，小数第一位から小数第百位までの 100 個の数字の和はいくつですか。（20点）

（　　　　　　　　）

3 （第27回の復習）

わくわく小学校で，児童会長を決める選挙を行います。ようすけさん，ゆきさん，じんさん，ゆのさんの 4 人が立候補しました。選挙では，立候補した 4 人をのぞく 775 人の児童が，1 票ずつ投票します。

① ようすけさんが必ず当選するためには，何票以上必要ですか。（20点）

（　　　　　　　　）

② ようすけさんが当選するためには，最低何票必要ですか。（20点）

（　　　　　　　　）

これができると **かっこいい！**

①と②のちがいに注意して，正確に考えてね。

復習して力をのばそう ②

1 （第15回の復習）

　△と□は，0から9までの整数とします。6けたの整数 15△15□ が 15 の倍数になるような△と□の整数の組（△，□）は，全部で何組ありますか。ただし，△と□は同じ整数でもかまいません。（20点）

（　　　　　　　）

> **ヒント**
> ・2の倍数…一の位が偶数（ぐうすう）
> ・3の倍数…すべての位の数字の和が3の倍数
> ・5の倍数…一の位が0または5

2 （第35回の復習）

　みきさんは，子ども会でアニマル動物園に行きます。子ども1人の料金は，20人目まで900円で，21人目から20%安くなるそうです。みきさんが，子どもの料金の合計を求めたところ，28800円になりました。子どもの人数は何人ですか。

（30点）

（　　　　　　　）

3 （第36回の復習）

　モーモー牧場では，牧場でしぼった牛乳を使ったチーズケーキを売っています。とてもおいしくて有名で，定価は1個180円です。今日はキャンペーンの日で，定価の1割5分引きで売りました。すると，昨日よりも450個多く売れ，売り上げは13500円増えました。今日売れたチーズケーキは何個ですか。（30点）

（　　　　　　　　　）

> **ヒント**
> 「今日も定価で売ったとしたら……」と考えるのがポイント。このとき，実際の売り上げとの差が何円になるかを求めよう。

4 （第18回の復習）

　かりなさん，まことさん，あつしさん，けいこさんは，算数のテストに挑戦しました。4人は，テストの結果について次のように話しています。

かりな：4人の平均点は86点だね。
まこと：ぼくの点数は，かりなさんより6点低かったよ。
あつし：ぼくの点数は，かりなさんより12点高かったよ。
けいこ：わたしの点数は，かりなさん，まことさん，あつしさんの3人の平均点より8点高かったわ。

　このとき，かりなさんの点数を求めましょう。（20点）

（　　　　　　　　　）

45　もっと自信をつけよう！

ついに最終回。算数の力をさらにのばして，もっと自信をつけましょう！

1　（計算の力をもっときたえる問題／知識をもっと深める問題）

　商品には，右のような直線を組み合わせてできたバーコードが印刷されています。お店で商品を買うとき，バーコードを機械で読み取りますよね。バーコードは13けたの数に対応し，4つのことがらを表しています。1つ目は「国名」，2つ目は「会社名」，3つ目は「商品名」です。どんな商品が売れたのかを簡単に管理できますね。ちなみに，日本を表す数は，「45」と「49」です。

国名　会社名　商品名　チェックデジット

　そして，機械がバーコードを読み取るときに間違ってしまうと，買い物が正しくできなくて困ってしまいますね。そこで，バーコードに「間違いを防ぐくふう」をしています。これが4つ目です。

　最後の数字で間違いを防いでいて，この数字をチェックデジットとよびます。チェックデジットは，最初の12個の数字を使って，次のように決めます。

---

①　左から奇数番目の数の和を求める。
②　左から偶数番目の数の和を3倍する。
③　①と②の和を求める。
④　③の答えとチェックデジットの和を10の倍数にする。

　このとき，次の□にあてはまる数を書き入れて，バーコードの13けたの数を完成させましょう。（各20点）

1　491357902468□

2　45158□2603714

2 （図形にもっと強くなる問題）

三角形**アイウ**の３つの辺を、右の図のように辺の長さがそれぞれ２倍になるようにのばして、三角形**エオカ**をかきました。このとき、三角形**エオカ**の面積は、三角形**アイウ**の面積の何倍ですか。（30点）

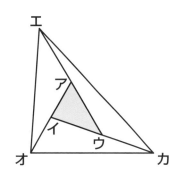

（　　　　　　　　　）

3 （考える力をもっとのばす問題）

コインがいっぱい入ったふくろが５つあります。３つのふくろには本物のコインだけが、２つのふくろにはにせ物のコインだけが入っています。また、コイン１まいの重さは、本物が10g、にせ物が9gとわかっています。

このとき、はかりを１回だけ使って、本物のコインだけが入った３つのふくろを必ず見つけることができます。その方法を説明しましょう。ただし、ふくろから取り出すコインのまい数の合計がいちばん少なくなるようにします。（30点）

すべての問題に挑戦したキミは、文章題チャンピオンだ！

95

Ｚ会グレードアップ問題集
小学5年　算数　文章題　改訂版

初版　　第 1 刷発行　　2016 年 9 月 10 日
改訂版 第 1 刷発行　　2020 年 2 月 10 日
改訂版 第 6 刷発行　　2023 年 8 月 10 日

編者　　Ｚ会編集部
発行人　藤井孝昭
発行所　Ｚ会
　　　　〒 411-0033　静岡県三島市文教町 1-9-11
　　　　【販売部門：書籍の乱丁・落丁・返品・交換・注文】
　　　　TEL　055-976-9095
　　　　【書籍の内容に関するお問い合わせ】
　　　　https://www.zkai.co.jp/books/contact/
　　　　【ホームページ】
　　　　https://www.zkai.co.jp/books/
装丁　　Concent, Inc.
表紙撮影　花渕浩二
印刷所　シナノ書籍印刷株式会社

ISBN　978-4-86290-306-8

かっこいい小学生になろう

Z会
グレードアップ
問題集 改訂版

小学**5年**

算数
文章題

解答・解説

解答・解説の使い方

ポイント①
答え では，正解を示しています。

ポイント②
考え方 では，それぞれの問題のポイントを示しています。

グレードアップ問題集では，教科書よりもむずかしい問題に挑戦するよ。
解くことができたら，自信をもっていいよ！

---

1 今日から5年生 ①

答え

① ① 0, 1, 2, 5, 8
② 30 個
③ 03 月 26 日 17 時 48 分 59 秒

考え方

① デジタル時計の数字を使ったパズルの問題。とてもむずかしいですが，ねばり強く取り組んで，算数の力をグングンのばしていきましょう。

① 0〜9の数字をさかさまから見ると，次のように見えます。

② 百の位の数字を〇，一の位の数字を△とおき，この数字の組を (〇, △) とします。このとき，問題の条件をみたす組は，

(1, 1), (2, 2), (5, 5),
(8, 8), (6, 9), (9, 6)

の6組。さかさまから見ると，6は9に見え，9は6に見えるので，(6, 9)，(9, 6) も考えなくてはいけません。見落とさないように注意しましょう。

そして，十の位の数字は，①で求めた 0, 1, 2, 5, 8 のいずれかをあてはめればよいです。

したがって，条件をみたす6組それぞれについて，十の位の選び方が5通りあるので，全部で，

5 × 6 = 30（個）

③ いちばん早い日時を考えるので，「01 月」から考えます。このとき，「時」の部分には，「23 時」しかあてはまりません。残りの 4〜9 の数字で「日」の部分を表すことができないので，「01 月」ではありません。

次に「02 月」を考えます。このとき，「日」の部分の十の位は 1 になりますが，残りの 3〜9 の数字で「時」の部分を表すことができないので，「02 月」ではありません。

さらに「03 月」を考えます。このとき，「日」の部分の十の位は，1 か 2 のどちらかです。

「日」の部分の十の位が 1 のとき，「時」の部分の十の位は 2 になりますが，残りの 4〜9 の数字で「時」の部分の一の位を表すことができません。

「日」の部分の十の位が 2 のとき，「時」の部分の十の位は 1 になります。残りの数字は 4〜9 なので，「分」の部分の十の位は，4 か 5 のどちらかです。

4 のとき，「秒」の部分の十の位は 5 になり，残りの 6〜9 の数字を，

03 月 2□日 1□時 4□分 5□秒

にあてはめて，いちばん早い日時を求めます。すると，

03 月 2⑥日 1⑦時 4⑧分 5⑨秒

とわかります。

---

1 自分の解答と 答え をつき合わせて，答え合わせをしましょう。

2 答え合わせが終わったら，問題の配点にしたがって点数をつけ，得点らんに記入しましょう。

3 まちがえた問題は， 考え方 を読んで復習しましょう。

1

1　① ０，１，２，５，８
　　② 30 個
　　③ 03 月 26 日 17 時 48 分 59 秒

考え方

1　デジタル時計の数字を使ったパズルの問題。とてもむずかしいですが，ねばり強く取り組んで，算数の力をグングンのばしていきましょう。

① ０〜９の数字をさかさまから見ると，次のように見えます。

② 百の位の数字を○，一の位の数字を△とおき，この数字の組を（○，△）とします。このとき，問題の条件をみたす組は，

　　（１，１），（２，２），（５，５），
　　（８，８），（６，９），（９，６）

の６組。さかさまから見ると，６は９に見え，９は６に見えるので，（６，９），（９，６）も考えなくてはいけません。見落とさないように注意しましょう。

　そして，十の位の数字は，①で求めた ０，１，２，５，８のいずれかをあてはめればよいです。

　したがって，条件をみたす６組それぞれについて，十の位の選び方が５通りあるので，全部で，

　　５×６＝30（個）

③　いちばん早い日時を考えるので，「01 月」から考えます。このとき，「時」の部分には，「23 時」しかあてはまりません。残りの４〜９の数字で「日」の部分を表すことができないので，「01 月」ではありません。

　次に「02 月」を考えます。このとき，「日」の部分の十の位は１になりますが，残りの３〜９の数字で「時」の部分を表すことができないので，「02 月」ではありません。

　さらに「03 月」を考えます。このとき，「日」の部分の十の位は，１か２のどちらかです。

　「日」の部分の十の位が１のとき，「時」の部分の十の位は２になりますが，残りの４〜９の数字で「時」の部分の一の位を表すことができません。

　「日」の部分の十の位が２のとき，「時」の部分の十の位は１になります。残りの数字は４〜９なので，「分」の部分の十の位は，４か５のどちらかです。

　４のとき，「秒」の部分の十の位は５になり，残りの６〜９の数字を，

　　03 月 2□日 1□時 4□分 5□秒

にあてはめて，いちばん早い日時を求めます。すると，

　　03 月 2⑥日 1⑦時 4⑧分 5⑨秒

とわかります。

答え

1 **①**式　１＋７＝８　　４×８÷２＝１６
　　答え　１６個
　②５０行目の数…９９個
　　全部の数　…２５００個

2 １２５２５０

考え方

1 １，３，５，７，…のように，同じ数ず
つ増えていく数の列について，その和を
くふうして求める問題です。

① 階段（かいだん）の形にならんでいるものを２つ
組み合わせると，長方形ができます。長
方形にならんでいるものの個数は，か
け算で求めることができますね。階段
の形にならんでいるものの個数は，長
方形の半分なので，わり算が使えます。

４行目までならべたものを２つ組み
合わせると，たてが４個で，横が，
　１＋７＝８（個）
の長方形ができます。したがって，求
める個数は，
　４×８÷２＝１６（個）

②

５０行目の数が，１行目の数１に２
を何回たすとできるかを考えるとよい
でしょう。

２行目の数３は，１行目の数１に２
を（２−１）回たした数です。

３行目の数５は，１行目の数１に２
を（３−１）回たした数です。

４行目の数７は，１行目の数１に２
を（４−１）回たした数です。

このように考えていくと，５０行目の
数は，１行目の数１に２を（５０−１）

回たした数とわかります。したがって，
　１＋２×（５０−１）＝９９
より，９９個とわかります。

そして，全部の数は，**①**のくふうを
使って考えます。５０行目までならべ
たものを２つ組み合わせると，たてが
５０個で，横が，
　１＋９９＝１００（個）
の長方形ができます。したがって，求
める個数は，
　５０×１００÷２＝２５００（個）

2 １から１０００までの整数の中で，４で
わって３あまる数を小さい順にならべる
と，次のようになります。

$$3 \quad 7 \quad 11 \quad \cdots \quad 995 \quad 999$$
$$+4 \quad +4 \qquad\qquad +4$$

1のさくらの花の個数のように，同じ
数ずつ増えていくので，**1①**のくふうを
使って考えることができます。

そこで，
　９９９＝３＋４×（２５０−１）
より，たてが２５０個で，横が，
　３＋９９９＝１００２（個）
の長方形を考えます（１行目が３個，
２５０行目が９９９個となるように，階段
の形にならべたものを２つ組み合わせま
す）。

したがって，求める和は，
　２５０×１００２÷２＝１２５２５０
となります。

答え

1 ❶①3 ②2

❷【例】

5分の砂時計を3回目にひっくり返したときから時間を計り始めて、8分の砂時計を3回目にひっくり返すまでの時間を考えると、6分を計ることができる。

❸20分

考え方

1 ❶ ①は、5分の砂時計の砂が全部落ちたときから、8分の砂時計の砂が全部落ちるまでの時間だから、

8 − 5 = 3（分）

②は、8分の砂時計の砂が全部落ちたときから、5分の砂時計の砂が2回目に全部落ちるまでの時間だから、

10 − 8 = 2（分）

❷ 問題の図の「まとめ」のところで、間かくが6分になっているところをさがします。すると、

5分の砂時計を3回目にひっくり返すまでの時間…10分

8分の砂時計を3回目にひっくり返すまでの時間…16分

だから、16 − 10 = 6（分）を計ることができます（はじめに同時にひっくり返したときを1回目としています）。

これが最初に6分を計る方法ですが、この他にも計る方法があります。たとえば、8分の砂時計を4回目にひっくり返したときから時間を計り始めて、5分の砂時計を7回目にひっくり返すまでの時間を考えると、

30 − 24 = 6（分）

を計ることができます。

丸つけですが、どの時点から計り始めて、どの時点までの時間を考えればよいかが正しく書けていれば正解です。

❸ 問題の図の「まとめ」のところに、現れる時間を順に書くと、

0分、5分、8分、10分、15分、16分、20分、24分、25分、30分、32分、35分、……

となります。これをもとに、1分、2分、……、8分の8通りの時間を最初に計れる時間を考えます。

1分…16 − 15 = 1（分）

2分…10 − 8 = 2（分）

3分…8 − 5 = 3（分）

4分…20 − 16 = 4（分）

5分…5 − 0 = 5（分）

6分…16 − 10 = 6（分）

7分…15 − 8 = 7（分）

8分…8 − 0 = 8（分）

ここに現れる時間の中でいちばんおそいのは、4分を計るときの20分なので、20分後までに8通りすべての時間を計ることができます。

なお、"1分"を計れるということから、何分でも計れることがわかります。たとえば、11分であれば、

16 − 15 = 1（分）

より、16分と15分をそれぞれ11倍して、

16 × 11 − 15 × 11 = 11（分）

と計ることができます。もちろん、

16 − 5 = 11（分）

なので、16 × 11 = 176（分）もかけずに、11分を計ることができます。

答え

1 **①**【例】

2つの線香を⑤, ⑥とする。線香⑤の両側と, 線香⑥の片側に同時に火をつける。線香⑤が燃えつきたら, 線香⑥の反対側にも火をつける。最初に火をつけてから, 線香⑥が燃えつきるまでの時間で15分を計ることができる。

② 45分, 55分

2 **①**【例】

2分で燃えつきる線香の両側に火をつけて, 燃えつきるまでの時間を計る。

②【例】

まず, 6分で燃えつきる線香の片側に火をつける。6分で燃えつきる線香が燃えつきたら, 3分で燃えつきる線香の片側に火をつける。3分で燃えつきる線香が燃えつきたら, 2分で燃えつきる線香の両側に火をつける。6分で燃えつきる線香に火をつけてから, 2分で燃えつきる線香が燃えつきるまでの時間を計る。

考え方

1 **①** 2つの線香を⑤, ⑥とします。最初に, 線香⑤の両側と, 線香⑥の片側に火をつけます。

⑤
⑥

線香⑤が燃えつきたら, 線香⑥の反対側にも火をつけます。ここまでの時間は10分です。

⑤
⑥

線香⑥が燃えつきたとき, 線香⑥の両側に火をつけてからの時間は, もとの線香の半分に, 両側から火をつけているので, 5分です。したがって, 最初に火をつけてからの時間は,

10 + 5 = 15（分）

丸つけですが, 2本の線香のどこに, いつ火をつけるのかが正しく書けていれば正解です。

② 問題に書かれた考え方と**①**の考え方より,

5分…2本, 10分…1本,
15分…2本, 20分…1本

の線香を使って時間が計れます。

これより,

25分…3本（20分 + 5分,
　　　　　または10分 + 15分）
30分…2本（20分 + 10分）
35分…3本（20分 + 15分）
40分…2本（20分 × 2）
50分…3本（20分 × 2 + 10分）
60分…3本（20分 × 3）

の線香を使って時間が計れます。

40分には2本必要で, 5分と15分にも2本必要なので, 45分と55分は3本以下では計れません。

2 2本の線香のどこに, いつ火をつけるのかを正しくとらえましょう。

① **1**と同じように考えます。

② 1本ずつ順に片側に火をつけると, 燃えつきるまでの時間は,

2 + 3 + 6 = 11（分）

で, 10分より1分多いです。**①**より, 2分で燃えつきる線香1本で1分が計れることに注目します。

答え

1 **①**① 6 ② 49

②【例】

三角形ＡＥＦは直角三角形だから，
ⓘの角度とⓤの角度の和は 90°。三
角形ＡＥＦと三角形ＢＦＧは形も大
きさも同じなので，ⓤの角度とⓔの
角度は等しい。だから，ⓘの角度と
ⓔの角度の和は 90°。したがって，
ⓐの角度は，180°−90°＝90° で
ある。

③ 5cm

考え方

1 直角三角形のななめの辺の長さを，面
積を使って求める問題です。

① 底辺が 4cm，高さが 3cm の直角三
角形の面積は，

　三角形の面積＝底辺×高さ÷2

より，

　4×3÷2＝6（cm²）

そして，四角形ＡＢＣＤは，1 辺の
長さが，

　4＋3＝7（cm）

の正方形です。だから，面積は，

　正方形の面積＝1 辺×1 辺

より，

　7×7＝49（cm²）

②「三角形の 3 つの角の大きさの和が
180° であること」と「形と大きさが
同じ（合同という）三角形の対応する
角の大きさが等しいこと」に注目して
説明します。

次の 4 つがすべて書けていれば正解
です。各 10 点とします。

・ⓘの角度とⓤの角度の和は 90°
・ⓤの角度とⓔの角度は等しい
・ⓘの角度とⓔの角度の和は 90°
・ⓐの角度は，180°−90°

---

③ 直角三角形ＡＥＦのななめの辺ＥＦ
は，正方形ＥＦＧＨの 1 辺です。そこ
で，正方形ＥＦＧＨの面積に注目して，
辺ＥＦの長さを求めます。

正方形ＥＦＧＨの面積は，正方形
ＡＢＣＤの面積から，直角三角形ＡＥＦ
の面積 4 つ分をひけば求められるので，

　49−6×4＝49−24

　　　　　＝25（cm²）

ここで，正方形ＥＦＧＨの 1 辺の長
さを□ cm とおくと，

　□×□＝25

同じ数を 2 回かけて 25 になる数は 5
なので，

　□＝5

したがって，辺ＥＦの長さは 5cm
とわかります。

6 直角三角形のきまり ②

答え

1 ※次の中から，3つ答えます。

「5cm，12cm，13cm」
「6cm，8cm，10cm」
「8cm，15cm，17cm」
「9cm，12cm，15cm」
「12cm，16cm，20cm」

2 12.5cm²

考え方

1 問題の表を使って考える中で，計算の力をもっとつけることができます。

「3cm，4cm，5cm」以外に，次の5つがあります。

「5cm，12cm，13cm」
→ 5 × 5 + 12 × 12 = 13 × 13
「6cm，8cm，10cm」
→ 6 × 6 + 8 × 8 = 10 × 10
「8cm，15cm，17cm」
→ 8 × 8 + 15 × 15 = 17 × 17
「9cm，12cm，15cm」
→ 9 × 9 + 12 × 12 = 15 × 15
「12cm，16cm，20cm」
→ 12 × 12 + 16 × 16 = 20 × 20

むずかしい考え方ですが，

3 × 3 + 4 × 4 = 5 × 5

を使って，かっこよく求めることもできます。3 × 3 + 4 × 4 と 5 × 5 の両方に 4（= 2 × 2）をかけると，

(3 × 3 + 4 × 4) × 4
= 3 × 3 × 4 + 4 × 4 × 4
= 6 × 6 + 8 × 8
(5 × 5) × 4 = 10 × 10

より，

6 × 6 + 8 × 8 = 10 × 10

と求めることができます。

同じように，3 × 3 + 4 × 4 と 5 × 5 の両方に 9（= 3 × 3）をかけたり，16（= 4 × 4）をかけたりして，

9 × 9 + 12 × 12 = 15 × 15
12 × 12 + 16 × 16 = 20 × 20

を求めることもできます。

2 下の図のように，問題の直角三角形を2つ組み合わせて，二等辺三角形ABDを作ります。そして，点Aから辺BDに垂直な直線を引くと，直角三角形ABCは，問題の三角定規と同じ形になります。

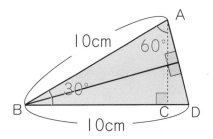

だから，直角三角形ABCの辺ACの長さは，辺ABの長さの半分より，

10 ÷ 2 = 5（cm）

二等辺三角形ABDを，底辺が10cm，高さが5cmの三角形とみると，面積は，

10 × 5 ÷ 2 = 25（cm²）

問題の直角三角形の面積は，この半分だから，

25 ÷ 2 = 12.5（cm²）

答え

1 【例】

❶前から順に計算してしまったかな？たし算よりかけ算を先に計算することに気をつけてね。だから、
$$3 + 4 \times 5 = 3 + 20 = 23$$

❷13cm の辺と20cm の辺は垂直でないよ。直角の記号に注目すると、底辺が、16 + 5 = 21（cm）、高さが12cmの三角形だとわかるね。だから、面積は、
$$21 \times 12 \div 2 = 126 （cm^2）$$

❸四捨五入して小数第二位までの概数で求めるときは、小数第二位ではなく、小数第三位を四捨五入するんだよ。1 ÷ 7 = 0.142…だから、答えは0.14だね。

考え方

1 友達に教えてあげるときは、

①まず、友達が間違えたり、わからなかったりしたところを確認する。

②そして、正しい考え方で、答えの求め方を示す。

の順で行うとやりやすいです。

❶ まず、たし算とかけ算の計算の順序を間違えていることに気づかせてあげると、友達は理解しやすくなるでしょう。

次の2つが書けていれば正解です。各15点とします。

①計算の順序を間違えていること
②正しい答えの求め方

❷ 三角形の 13cm の辺と 20cm の辺が垂直に見えやすいので、友達は間違えてしまったようです。「底辺21cm,高さ12cm」が正しいことに気づかせてあげるときに、直角の記号に注目させると、わかりやすくなりますね。

次の2つが書けていれば正解です。
①20点、②15点とします。

①底辺と高さのとらえ方を間違えていること
②面積の正しい求め方

❸ 四捨五入して概数を求める問題では、どの位を四捨五入するかを間違えやすいです。どの位を四捨五入するのが正しいかを、友達に伝えることが大切です。

次の2つが書けていれば正解です。
①20点、②15点とします。

①四捨五入する位を間違えていること
②概数の正しい求め方

8 友達に教えてあげよう ②

答え

1 ① 100km²

② 【例】

グレアプ町とスーパー町が合併すると，人口は，30000 ＋ 27000 ＝ 57000（人），面積は，100 ＋ 150 ＝ 250（km²）になるね。だから，人口密度は，1km² あたり，57000 ÷ 250 ＝ 228（人）。グレアプ町とハナマル町が合併すると，人口は，30000 ＋ 18000 ＝ 48000（人），面積は，100 ＋ 100 ＝ 200（km²）になるね。だから，人口密度は，1km² あたり，48000 ÷ 200 ＝ 240（人）となり，人口密度が同じにならないことがわかるね。

2 ① 16個

② 【例】

6 の倍数は，2 の倍数にも 3 の倍数にもふくまれるので，50 ＋ 33 では，6 の倍数を 2 回数えてしまっているよ。だから，6 の倍数の個数をひかなくてはいけないので，答えは，50 ＋ 33 － 16 ＝ 67（個）となるよ。

考え方

1 ① 人口密度＝人口（人）÷面積（km²）
より，スーパー町の人口密度は，
27000 ÷ 150 ＝ 180（人）
グレアプ町の人口密度を□人とすると，
□× 0.6 ＝ 180
□＝ 180 ÷ 0.6 ＝ 300
だから，グレアプ町の人口密度は 300 人です。したがって，
面積（km²）＝人口（人）÷人口密度

より，グレアプ町の面積は，
30000 ÷ 300 ＝ 100（km²）

② 2 つの町の人口密度が同じでも，ある町がそれぞれの町と合併したときの人口密度が同じになるとは限らないことに注意しましょう。

合併したときの人口密度がどう変化するかは，計算で確かめることが大切です。次の 2 つが書けていれば正解です。各 15 点とします。

・グレアプ町とスーパー町が合併したときの人口密度
・グレアプ町とハナマル町が合併したときの人口密度

2 ① 2 の倍数でも 3 の倍数でもある整数は，6 の倍数です。
100 ÷ 6 ＝ 16 あまり 4
より，1 ～ 100 の整数の中に 6 の倍数は，16 個あります。

② 6 の倍数の 16 個，すなわち，
6，12，18，24，…，90，96
は，2 の倍数の 50 個にも，3 の倍数の 33 個にもふくまれていることを，ひろみさんに教えてあげましょう。

次の 2 つが書けていれば正解です。各 10 点とします。

・6 の倍数を 2 回数えてしまっていること
・答えの正しい求め方

9

答え

1 【例】

三角形の３つの内角の和は 180° なので，

⑦＋⑦＋⑦＝ 180°

したがって，

⑦＋⑦＝ 180°－⑦

となる。また，

⑦＝ 180°－⑦

だから，

⑦＋⑦＝⑦

が成り立つ。

2 ⑦ 125°　⑦ 72°　⑦ 52°

3 40

考え方

1 次の２つの式が書けていれば正解です。各20点とします。

> ⑦＋⑦＝ 180°－⑦
> ⑦＝ 180°－⑦

なお，⑦＋⑦＝⑦が成り立つことを説明するとき，

⑦＋⑦＝ 180°－⑦＝⑦

のように書いてもかまいません。

2 三角形の１つの外角は，となりあっていない２つの内角の和に等しいことを利用します。

⑦の角度は，

50°＋ 75°＝ 125°

⑦の角度は

25°＋ 47°＝ 72°

また，三角形の３つの内角の和は 180° なので，⑦の角度は，

180°－（72°＋ 56°）＝ 52°

3

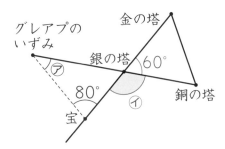

金の塔，銀の塔，銅の塔を直線で結ぶと正三角形になるので，１つの内角は，

180°÷ 3 ＝ 60°

したがって，上の図の⑦の角度は，

180°－ 60°＝ 120°

そして，銀の塔，宝のありか，グレアプのいずみを直線で結んでできる三角形について，内角と外角の関係を考えると，

⑦＋ 80°＝⑦

となるので，⑦の角度は，

120°－ 80°＝ 40°

答え

1 ①$\oplus$ ②$\oslash$ ③180

2 ❶ 360° ❷ 360°

3 540°

考え方

1 右の図の太線
の三角形の内角
と外角の関係よ
り，㋐と㋓の角
度の和は，㋖の
角度と等しいで
す。

　また，右の図
の太線の三角形
の内角と外角の
関係より，㋑と
㋒の角度の和は，
㋘の角度と等し
いです。

　したがって，㋐，㋑，㋒，㋓，㋒の角
度の和は，㋒，㋖，㋘の角度の和と等し
いです。これは三角形の内角の和だから，
求める角度は180°です。

2❶ 三角形の内角
と外角の関係よ
り，右の図の㋐
と㋑の角度の和
は㋕の角度と等
しいです。また，
㋓と㋒の角度の和は，㋒の角度と等し
いです。

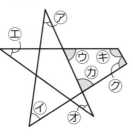

　したがって，求める角度は㋒，㋕，㋗，
㋖の角度の和と等しいです。これは四
角形の内角の和だから，360°です。

2❷ 三角形の内
角と外角の関
係より，右の
図の㋐と㋑の
角度の和は㋒

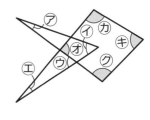

の角度と等しいです。また，㋒と㋓の
角度の和は，㋒の角度と等しいです。

　したがって，求める角度は㋒，㋗，㋖，
㋕の角度の和と等しいです。これは四
角形の内角の和だから，360°です。

3 下の図のように線をかき加えると，㋐
と㋑の角度の和は，㋒と㋓の角度の和と
等しくなります。

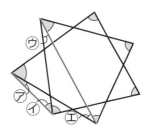

　したがって，求め
る角度は，右の図の
太線の四角形となな
めの線をつけた三角
形のすべての内角の
和になるので，

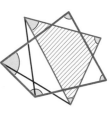

　　360° + 180° = 540°

答え

1 ① 1

② きまり…【例】

小数第一位から6けたごとに「142857」をくり返すきまり

小数第77位の数字…5

2 ① 2.85714   ② 4.28571

③ 5.71428   ④ 7.14285

⑤ 8.57142

考え方

1 ① 1÷7を筆算すると，次のようになっていきます。

```
    0.1428571
7)1.0
  7
  30
  28
   20
   14
   60
   56
    40
    35
    50
    49
    10
     7
     3
```

だから，小数第七位の数字は1です。

② 上の筆算で色をつけた部分（10÷7の計算が再び現れること）に注目すると，商で「142857」をくり返すことがわかります。このことを説明できていれば正解です。

0.142857 142857 142857…

そして，このことをうまく使うと，小数第77位の数字を簡単に求めることができます。6個の数字「142857」をくり返すことから，77を6でわったときの余りを考えるのがポイント。

余りが1ならば小数第一位と同じ「1」，余りが2ならば小数第二位と同じ「4」，余りが3ならば小数第三位と同じ「2」，余りが4ならば小数第四位と同じ「8」，余りが5ならば小数第五位と同じ「5」，あまりが0ならば，小数第六位と同じ「7」になります。

77÷6＝12あまり5

より，小数第77位の数字は「5」とわかります。

2 1÷7を計算したときに現れる「142857」を使ったかけ算です。

①〜⑤をくり上がりに注意して筆算すると，答えは次のようになります。

① 1.42857×2＝2.85714

② 1.42857×3＝4.28571

③ 1.42857×4＝5.71428

④ 1.42857×5＝7.14285

⑤ 1.42857×6＝8.57142

ゆうき先生が話しているように，「142857」の順番をくずさないように数字がならんでいますね。

さらに，1.42857×7を計算すると，

1.42857×7＝9.99999

となります。「142857」を使ったかけ算には，おもしろい不思議がいっぱいありますね。

12 分数の不思議 ②

1 **①**① $\dfrac{1}{3}+\dfrac{1}{15}$　　②$\dfrac{1}{6}+\dfrac{1}{66}$

　② $\dfrac{1}{3}+\dfrac{1}{18}+\dfrac{1}{414}$

1 分数を単位分数で表す有名なお話を問題にしました。

①① $\dfrac{2}{5}=2\div5=0.4$

　0.4 をこえない単位分数の中で，いちばん大きいものをさがします。

$\dfrac{1}{2}=1\div2=0.5, \dfrac{1}{3}=1\div3=0.33\cdots$

より，$\dfrac{1}{3}$ です。

$\dfrac{2}{5}-\dfrac{1}{3}=\dfrac{6}{15}-\dfrac{5}{15}=\dfrac{1}{15}$

だから，$\dfrac{2}{5}=\dfrac{1}{3}+\dfrac{1}{15}$

②$\dfrac{2}{11}=2\div11=0.18\cdots$

　0.18…をこえない単位分数の中で，いちばん大きいものをさがします。

$\dfrac{1}{5}=1\div5=0.2, \dfrac{1}{6}=1\div6=0.16\cdots$

より，$\dfrac{1}{6}$ です。

$\dfrac{2}{11}-\dfrac{1}{6}=\dfrac{12}{66}-\dfrac{11}{66}=\dfrac{1}{66}$

だから，$\dfrac{2}{11}=\dfrac{1}{6}+\dfrac{1}{66}$

②❶ 考えている数は $\dfrac{9}{23}$ だから，

$23\div9=2$ あまり 5

❷ 商は 2 だから，$2+1=3$ を分母とする単位分数 $\dfrac{1}{3}$ を考えます。

❸ $\dfrac{9}{23}-\dfrac{1}{3}=\dfrac{27}{69}-\dfrac{23}{69}=\dfrac{4}{69}$

❹ $\dfrac{4}{69}$ は単位分数ではないので，$\dfrac{4}{69}$ について，❶〜❸をくり返します。

❶ 考えている数は $\dfrac{4}{69}$ だから，

$69\div4=17$ あまり 1

❷ 商は17だから，$17+1=18$を分母とする単位分数 $\dfrac{1}{18}$ を考えます。

❸ $\dfrac{4}{69}-\dfrac{1}{18}=\dfrac{24}{414}-\dfrac{23}{414}$

$\qquad\qquad =\dfrac{1}{414}$

❹ $\dfrac{1}{414}$ は単位分数です。

❺ できた単位分数は，$\dfrac{1}{3}$，$\dfrac{1}{18}$，$\dfrac{1}{414}$ だから，

$\dfrac{9}{23}=\dfrac{1}{3}+\dfrac{1}{18}+\dfrac{1}{414}$

と表すことができます。

　なお，「知っていたらかっこいい！」でしょうかいした考え方を使うと，次のように表せます。

$\dfrac{9}{23}=\dfrac{27}{69}=\dfrac{1+3+23}{69}$

$\qquad =\dfrac{1}{3}+\dfrac{1}{23}+\dfrac{1}{69}$

答え

1 ① 【例】下の図の分け方

② 【例】下の図の10種類

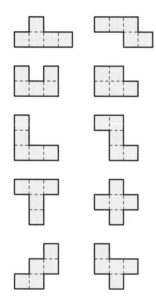

考え方

1 ① さかさまから見ても同じになるような図を考えます。なお，次の図のように，上下をうら返したものを答えても正解です。

② 思いついた図形を順にあげていってもよいですが，整理して考えると調べやすくなります。ここでは，正方形がまっすぐにならぶ個数をもとにして考えてみましょう。

正方形がまっすぐに5個ならぶのは，問題の⑮で示した図形だけです。

正方形がまっすぐに4個ならぶとき，もう1個の正方形を入れられる場所を考えてみましょう。次の図で，×には入れられません。○には入れられます。●に入れると，問題の⑪で示した形と同じになります。△に入れて，うら返したり，回転させたりすると，●または○に入れた場合と重なります。

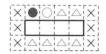

これより，右の1種類の図形を見つけられます。

次に，正方形がまっすぐに3個ならぶときを考えましょう。下の図で，1個の正方形を◎に入れると，残りの1個を入れられる位置は○になります。×には入れられません。したがって，7種類の図形を見つけられます。

同じように，下の図の◎に1個の正方形を入れて調べると，次の1種類の図形を見つけられます。

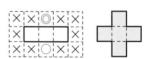

最後に，正方形がまっすぐに2個ならぶときを考えます。すると，右の1種類の図形を見つけられます。

なお，うら返したり，回転させたりすると重なるものを答えても正解です。

答え

1 **①** ①○ ②× ③× ④○

②【例】

正方形1個の面積を1cm²とすると，あ〜しの図形の面積はどれも5cm²だから，それらをならべた形の面積は5の倍数になる。1cm²の正方形をたて4列，横6列にならべた長方形の面積は24cm²で，5の倍数にならない。したがって，うめることはできない。

③下の図

考え方

1 **①** ①は，次の図のように，長方形をうめることができます。

②の場合，しの図形を左か右に置くとすき間ができるので，真ん中に置くしかありません。しかし，しの図形をどの向きに置いても，残りの2つの図形を左右に置いて長方形をうめることはできません。

③の場合，3個のどの図形も，左か右に置くとすき間ができるので，長方形をうめることはできません。

④は，次の図のように，長方形をうめることができます。

② "うめることができない"ということを説明する，かなりむずかしい問題です。それぞれの図形を置いてみて……と考えても，全部の場合をあげることができないので，説明できません。

そこで，図形の特ちょうを使って，「図形をならべる以外の方法で説明できないか」と考えてみます。あ〜しの図形は，形はちがいますが，面積はどれも同じです。ここに注目します。

正方形1個の面積を1cm²とすると，もし，うめることができたとしたら，面積は5cm²の整数倍になるはずです。

しかし，うめたい長方形の面積は24cm²で，5の倍数ではないので，合わないことがわかります。

かなりむずかしい考え方ですが，知っているととてもかっこいいです。

③ やってみて，うまくいかなかったら他の方法を考えて……と，ねばり強く考える力が必要な問題です。

図形の特ちょうを考えて，手がかりをさがします。たとえば，次のようなものがあります。

・たて3列なので，あ，い，えは，必ず横長に置くことになる（うはすでに置かれている）。

・こは，回転させても同じ形なので，このままどこかに置かれる。

・（①でも書いたように）こ，しをいちばん右に置くとすき間ができるので，これらがいちばん右になることはない。

このような手がかりをもとに，うめ方を考えることが大切です。

答え

1 1 ① 1000 ② 1001 ③ 143

2 【例】

6けたの数を●▲●▲●▲とおくと,

●▲●▲●▲＝●▲×10101

と書くことができる。

10101 ÷ 7 ＝ 1443

より, 10101 は 7 でわりきれるの

で, ●▲●▲●▲は 7 の倍数とわか

る。

考え方

1 倍数についての発見が正しいことを説明する挑戦問題です。

1 123／123 のように, くり返している部分で区切ると, 計算のきまり

○×△＋○×□＝○×（△＋□）

が使えます。

123123

＝ 123000 ＋ 123

＝ 123 × 1000 ＋ 123 × 1

＝ 123 × （1000 ＋ 1）

＝ 123 × 1001

1001 ÷ 7 ＝ 143 より, 1001 は 7 を約数にもちます。だから, 123123 も 7 を約数にもつので, 7 の倍数です。

●▲■●▲■についても,

●▲■●▲■

＝●▲■ 000 ＋●▲■

＝●▲■× 1000 ＋●▲■× 1

＝●▲■×（1000 ＋ 1）

＝●▲■× 1001

と書くことができるので, 123123 と同じように 7 の倍数であることがわかります。

2 121212 で説明のしかたを考えると, わかりやすいでしょう。

12／12／12 のように, くり返している部分で区切ります。

121212

＝ 120000 ＋ 1200 ＋ 12

＝ 12×10000＋12×100＋12×1

＝ 12 ×（10000 ＋ 100 ＋ 1）

＝ 12 × 10101

10101 ÷ 7 ＝ 1443 より, 10101 は 7 でわりきれるので, 121212 は 7 の倍数とわかります。

そこで, 121212 を●▲●▲●▲でおきかえて説明すればよく, 次の 2 つの点が書けていれば正解です。各20点とします。

・●▲●▲●▲＝●▲× 10101

　と書けること

・10101 が 7 でわりきれること

なお,

●▲●▲●▲＝●▲× 10101

は, 次のように考えています。

●▲●▲●▲

＝●▲ 0000 ＋●▲ 00 ＋●▲

＝●▲× 10000 ＋●▲× 100

　　　　　　　　　＋●▲× 1

＝●▲×（10000 ＋ 100 ＋ 1）

＝●▲× 10101

答え

1 ① 46822864, 82466428

② 2

③ 下6けたの数が64の倍数か「000000」のとき, もとの数は64の倍数

2 ① 【例】
1818181818181 の左から奇数番目にあるすべての数の和と, 左から偶数番目にあるすべての数の和の差は, $8 \times 8 - 1 \times 9 = 55$。
55 は 11 の倍数だから, 1818181818181 も 11 の倍数である。

② 10263

考え方

1 ① 4の倍数かどうかは, 下2けたの数が4の倍数か「00」になっているかを見ればわかります。
24688642　46822864
68244286　82466428

② 8の倍数かどうかは, 下3けたの数を見ればわかります。
1234567□
→ 670〜679 で, 8の倍数をさがす
このとき, 8の倍数なら, 4の倍数でもあるので, 下2けたの数が4の倍数の 672, 676 だけを調べればよいことに気づくと簡単です。

③ 2, 4, 8, 16, 64 が, 2を何回かかけた数であることに注目します。
2を□回かけていれば, 下□けたの数を考えればよいことがわかります。
64 は2を6回かけた数です。

2 ① 次の2つの点がすべて書けていれば正解です。各15点とします。

・左から奇数番目にあるすべての数の和と, 左から偶数番目にあるすべての数の和の差が55
・差の55が11の倍数

---

② いちばん小さい5けたの数を考えるので, 102 ●▲ (●と▲はちがう数で, 3〜9のどれか) とおいてみます。
左から奇数番目にあるすべての数の和は, $1 + 2 + ▲ = 3 + ▲$
左から偶数番目にあるすべての数の和は, $0 + ● = ●$
いちばん小さい数を求めるので, ●が3のときから考えます。
●が3のとき, 2つの和の差は▲ですが, ▲は11の倍数または0になりません。
●が4のとき, 2つの和の差は, ▲−1ですが, 11の倍数または0になりません。
●が5のとき, 2つの和の差は, ▲−2ですが, 11の倍数または0になりません。
●が6のとき, 2つの和の差は, ▲−3で, ▲が3のときだけ, ▲−3は11の倍数または0になります。
したがって, 求める5けたの数は 10263 です。

答え

1 ①式　40 × 3 = 120
　　　　120 ÷ 16 = 7.5
　　答え　7.5g
　②式　10 + 3 + 7 = 20
　　　　10.5 × 20 = 210
　　答え　210 円
　③式　93 × 7 = 651
　　　　1000 − 651 = 349
　　答え　349 円
　④① 3.2　② 96　③ 78

考え方

1 ①　チョコレート全部の重さは，
　　40 × 3 = 120 （g）
　　平均＝合計÷個数
　　だから，チョコレートの重さは，平均
　　すると 1 個，
　　120 ÷ 16 = 7.5 （g）
　②　アルミカップは全部で，
　　10 + 3 + 7 = 20 （まい）
　　合計＝平均×個数
　　だから，アルミカップのねだんの合計
　　は，
　　10.5 × 20 = 210 （円）
　③　合計＝平均×個数
　　だから，7 種類のチョコレートを 1 個
　　ずつ買ったときのねだんの合計は，
　　93 × 7 = 651 （円）
　　したがって，1000 円を出したとき
　　のおつりは，
　　1000 − 651 = 349 （円）

④①　8 個で 25.6g だから，平均する
　　と 1 個の重さは，
　　25.6 ÷ 8 = 3.2 （g）
　②　①で求めた平均の重さを，量り売
　　りをしているすべてのチョコレート
　　の 1 個の重さと考えます。1 個 3.2g
　　のチョコレート 30 個分の重さと考
　　えられるので，
　　3.2 × 30 = 96 （g）
　③　②と同じように，量り売りをして
　　いるすべてのチョコレートの 1 個の
　　重さが 3.2g であると考えます。
　　個数＝合計÷平均
　　だから，
　　250 ÷ 3.2 = 78.1…
　　したがって，小数第一位を四捨五
　　入して，整数で求めると，78 個と
　　なります。
　　なお，つめたチョコレートの個数
　　を □ 個として，□ を使った式を立て
　　て考えることもできます。
　　「チョコレート □ 個の重さは
　　250g，平均するとチョコレート 1
　　個の重さは 3.2g」と考えて，
　　250 ÷ □ = 3.2
　　250 = 3.2 × □
　　□ = 250 ÷ 3.2
　　となり，先ほどと同じようにして
　　78 個が求められます。

答え

1 **❶**式　　210 × 3 = 630
　　　　　　　295 × 2 = 590
　　　　　　　630 + 590 = 1220
　　　　　　　1220 ÷ 5 = 244

　　　答え　244g

2①135　②20　③2　④多い

考え方

1❶　まずは，5セットのチョコレートの重さの合計を考えます。

　　合計＝平均×個数

より，えいこさん，ビッツさん，しいのさん が用意した3セットのチョコレートの重さの合計を求めると，

　　210 × 3 = 630 （g）

また，デルタさんとイーグルさんが用意した2セットのチョコレートの重さの合計を求めると，

　　295 × 2 = 590 （g）

だから，5セットのチョコレートの重さの合計は，

　　630 + 590 = 1220 （g）

　　平均＝合計÷個数

より，1セットの平均の重さは，

　　1220 ÷ 5 = 244 （g）

　　なお，3セットでの平均の重さが210g，2セットでの平均の重さが295gだから，5セットでの平均の重さは，

　　(210 + 295) ÷ 2 = 252.5 （g）

とするのは間違いです。5セットのチョコレートの重さの合計を求めて，平均を考えることが大切です。

2①　　合計＝平均×個数

より，5人が用意したチョコレートの個数は全部で，

　　27 × 5 = 135 （個）

②　イーグルさん以外の4人が用意したチョコレートの個数は全部で，

　　18 + 7 + 78 + 12 = 115 （個）

　　したがって，イーグルさんが用意したチョコレートの個数は，

　　135 − 115 = 20 （個）

③　5人が用意したチョコレートの個数を多い順にならべると，

　　78　20　18　12　7

　　したがって，イーグルさんが用意したチョコレートの個数は，5セットの中で2番目に多いことがわかります。

④　5セットの中で2番目に多い個数なので，多いほうです。

　　なお，とびぬけて大きい値があると平均の値は大きくなり，とびぬけて大きい値がないときと比べて，それぞれの値と平均の値との差が大きくなります。

　　この問題では78個という個数がとびぬけて多いので，平均の27個は，2番目に多い個数の20個よりも多くなっています。

答え

1　❶ 432cm³　　❷ 180cm³

2　❶ 名前…六角柱，体積…99cm³

　　❷ 名前…八角柱，体積…210cm³

考え方

1❶　9 × 8 × 6 = 432（cm³）

　❷　この四角柱を2つ組み合わせてでき

　　る直方体について，横の長さは，

　　　8 + 4 = 12（cm）

　　だから，その体積は，

　　　6 × 12 × 5 = 360（cm³）

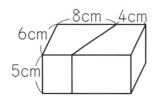

　　これは四角柱2つ分の体積だから，

　　四角柱の体積は，

　　　360 ÷ 2 = 180（cm³）

2❶　この角柱の底面は，

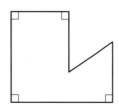

　　という形をしているので，六角形です。

　　　だから，この角柱は六角柱で，同じ

　　六角柱2つを下の図のように組み合わ

　　せると，直方体になります。

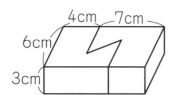

　この直方体の横の長さは，

　　4 + 7 = 11（cm）

だから，その体積は，

　　6 × 11 × 3 = 198（cm³）

　　これは六角柱2つ分の体積だから，

六角柱の体積は，

　　198 ÷ 2 = 99（cm³）

❷　この角柱の底面は，

という形をしているので，八角形です。

　　だから，この角柱は八角柱で，同じ

八角柱2つを下の図のように組み合わ

せると，直方体になります。

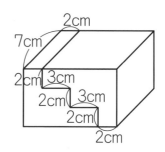

　この直方体の横の長さと高さは，

　横　　2 + 3 + 3 + 2 = 10（cm）

　高さ　2 + 2 + 2 = 6（cm）

だから，その体積は，

　　7 × 10 × 6 = 420（cm³）

　　これは八角柱2つ分の体積だから，

八角柱の体積は，

　　420 ÷ 2 = 210（cm³）

答え

1 ❶ のりまさ…**エ**
　　あつき　…**ア**
　　えいと　…**ウ**
　❷ 56cm³
2 ❶ 480 cm³　❷ 456 cm³

考え方

1 ❶ のりまささんは，次の図の点線の位置で分けたと考えられます。

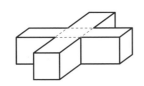

したがって，あてはまる式は，
(2 × 3 × 2) × 4 + 2 × 2 × 2
あつきさんは，次の図の点線で表した直方体の体積を考えて，4つのすみにある直方体の体積をひいたと考えられます。

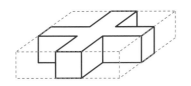

したがって，あてはまる式は，
8 × 8 × 2 − (3 × 3 × 2) × 4
えいとさんは，次の図のような長い直方体2つが交わっているととらえたと考えられます。

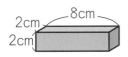

真ん中で，1辺が2cmの立方体が重なるので，あてはまる式は，
(2 × 8 × 2) × 2 − 2 × 2 × 2

❷ この立体の体積を，のりまささんの式で求めると，
(2 × 3 × 2) × 4 + 2 × 2 × 2
= 48 + 8 = 56 (cm³)
もちろん，他の2人の式で計算しても，同じ答えになります。

2 ❶ 立方体の体積は，
8 × 8 × 8 = 512 (cm³)
あなの形は，底面が1辺2cmの正方形で，高さが8cmの直方体（★とおく）になります。あなの形の体積は，
2 × 2 × 8 = 32 (cm³)
だから，求める体積は，
512 − 32 = 480 (cm³)

❷ あなは，❶の直方体★が，同じ高さの位置で2つ交わった形（**1**で体積を求めた立体）になります。したがって，求める体積は，
512 − 56 = 456 (cm³)
なお，この問題の立体を，上から3cmの高さで切ると，次の図のようになります。

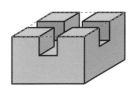

別解をしょうかいしましょう。❶の立体から，底面が1辺2cmの正方形で，高さが3cmの直方体2つをとると考えます。だから，
480 − (2 × 2 × 3) × 2
= 480 − 24 = 456 (cm³)

答え

1 4番目

2 6日の水曜日

3 マーク…ダイヤ，数…12

考え方

1 下のような表をかいて，4ひきがなれない順番にそれぞれ×を書き入れます。

ナツルが生まれたのは，ハルキの次の次だから，ハルキは3番目と4番目が×，ナツルは1番目と2番目が×です。アキナは前にもあとにも生まれた犬がいるから，1番目と4番目が×です。フユンはハルキよりあとに生まれているから1番目が×です。

順番＼犬	ハルキ	ナツル	アキナ	フユン
1		×	×	×
2		×		
3	×			
4	×		×	

表から，1番目になれるのはハルキだけです。ハルキが1番目のとき，ナツルは3番目です。

残るは2番目と4番目ですが，アキナは4番目になれないので，アキナは2番目で，フユンが4番目です。

2 ビッツさんが都合の悪い日は，しげるさんも都合が悪いことから，2日と4日の曜日を考えます。月曜日，火曜日，金曜日，土曜日のうち，1日おきなのは土曜日と月曜日だけなので，2日が土曜日，4日が月曜日とわかります。

これをもとに，次のような表を作って，3人が都合の悪い日に×を書き入れます。キショウさんは偶数の日の都合がよいので，奇数の日が×です。

人＼曜日	1 金	2 土	3 日	4 月	5 火	6 水	7 木
ビ		×		×			
し	×	×		×	×		
キ	×		×		×		×

したがって，3人で遊べるのは，6日の水曜日です。

3 10まいのトランプの中で，数が3のカードと13のカードは1まいしかありません。マークがハートかクローバーなら，ビッツさんは「キショウさんにはわかるかもしれない」と考えるはずです。ビッツさんは「キショウさんもわからない」と言っているので，マークはスペードかダイヤです。

これを聞いて，キショウさんはマークがスペードかダイヤだとわかります。数が8なら，スペードとダイヤのどちらにもあるので，キショウさんにはカードがわかりません。だから，数は，1，11，12のどれかです。

ここで，マークがスペードなら1と11が残るので，ビッツさんにはカードがわかりません。ダイヤなら12だけが残るので，ビッツさんにもカードがわかります。したがって，しげるさんが選んだカードは，ダイヤの12です。

答え

1 **①**ウソを言っている人…サム
デザートのサービス…している
②カード①
③ツーツ

考え方

1 **①** ならんでいるのは前から順に，イチさん，ニコさん，サムさん，シロさんなので，シロさん，サムさん，イチさんの言葉は次のように言いかえられます。

　　シロ：ニコの言っていることは本当
　　サム：ニコの言っていることはウソ
　　イチ：シロの言っていることは本当

　ここで，シロさんとサムさんは反対のことを言っているので，どちらかはウソを言っていることになります。

　シロさんの言葉がウソだとすると，ニコさんの言葉もウソになり，ウソを言っている人が2人になってしまうので，問題の条件に合いません。

　サムさんの言葉がウソだとすると，他の3人の言葉は，

　　ニコ…本当
　　シロ…本当
　　イチ…本当

となるので，問題の条件に合います。したがって，ウソを言っている人はサムさんで，デザートのサービスはしていることがわかります。

② 下のような表をかいて，それぞれのパンにつけることができないカードに×を書き入れます。

カード ＼ パン	あんパン	食パン	カレーパン
カード①	×	×	
カード②		×	
カード③			

　表から，食パンにつけることができるのはカード③だけです。したがって，あんパンにつけることができるのはカード②，カレーパンにつけることができるのはカード①です。

③ タータの言っていることが本当の場合，テーテはウソを言っていて，このとき，トートもウソを言っていることになります。ウソをついているネズミは2ひきなので，ツーツは正しいことを言っています。ツーツは「チーチはウソをついている」と言っているので，チーチはウソをついていますが，ウソをついているネズミが3びきになってしまうので，問題の条件に合いません。

　タータがウソをついている場合，チーズをかじったのはツーツなので，チーチとテーテは本当のことを言っています。このとき，トートも本当のことを言っていて，ツーツはウソを言っていることになります。このとき，問題の条件に合います。

答え

1 **①** 30 まい **②** 4cm **③** 9cm

考え方

1 角皿のはしから1cmはクッキーを置かず、クッキーとクッキーの間は1cmあける、ということをどのように考えるかがポイントになります。

　まず、クッキーの上側と左側の1cmのすき間とクッキーをセットにして考えてみましょう。角皿のはしから1cmと、クッキーとクッキーの間の1cm以外にすき間がないようにならべるので、下のはしと右のはしに1cmのすき間が残ることがわかります。

　だから、1辺が、31 − 1 = 30（cm）の正方形の角皿に、すき間と長方形のクッキーのセットをすき間なくならべる、と考えることができます。

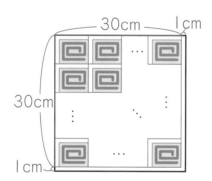

① すき間と長方形のクッキーのセットは、

　　たて　　1 + 4 = 5（cm）
　　横　　　1 + 5 = 6（cm）

だから、1辺30cmの正方形の角皿に、たて5cm、横6cmの長方形をすき間なくならべると考えます。

　　たて方向　　30 ÷ 5 = 6（まい）
　　横方向　　　30 ÷ 6 = 5（まい）

したがって、求めるまい数は、

　　6 × 5 = 30（まい）

② すき間1cmと正方形のクッキーをセットにして考えます。このセットは正方形で、1辺の長さはクッキーの1辺の長さより1cm長いです。この正方形のセットを1辺30cmの正方形の角皿にならべます。

　正方形のセットは、正方形の角皿に、たて方向にも横方向にも同じ数ずつならびます。36 = 6 × 6 より、6まいずつならぶことがわかります。

　だから、正方形のセットの1辺は、

　　30 ÷ 6 = 5（cm）

となるので、求めるクッキーの1辺は、

　　5 − 1 = 4（cm）

③ すき間1cmと、たて9cm、横29cmの長方形のクッキーをセットにすると、

　　たて　　1 + 9 = 10（cm）
　　横　　　1 + 29 = 30（cm）

だから、

　　たて　　30 − 10 = 20（cm）
　　横　　　30cm

の長方形に、すき間1cmと正方形のクッキーをセットにした正方形を、すき間なくならべます。その1辺の長さで最も大きな数は20と30の最大公約数の10です。

　したがって、求めるクッキーの1辺は、

　　10 − 1 = 9（cm）

24 約数を使おう ②

答え

1 ① 1 ふくろ, 5 ふくろ, 7 ふくろ,
35 ふくろ
② 5 ふくろ
③ 8 ふくろ

考え方

1 ① 35 まいのクッキーを余りが出ない
ように同じ数ずつ分けるので, 35 を
わりきることのできる数, すなわち,
35 の約数を考えます。
　だから, ふくろの数は,
　1, 5, 7, 35 (ふくろ)
とわかります。

② 35 まいのクッキーと 15 個のあめ
をどちらも余りが出ないようにそれぞ
れ同じ数ずつ分けるので, 35 と 15 の
両方をわりきることのできる数, すな
わち, 35 と 15 の公約数を考えます。
　35 の約数は, ① より,
　1, 5, 7, 35
　15 の約数は,
　1, 3, 5, 15
だから, 35 と 15 の公約数は,
　1, 5
です。
　ただし, 「3 人分以上作ります」とい
う条件があるので, 求めるふくろの数
は, 5 ふくろです。

③ 余りがあるということをどのように
考えるかがポイントです。気をつける
ポイントが 2 つあります。
　まず, 1 つ目のポイントは, 「はじめ
の数から余りの数をひく」です。先に
余りをひくことで, ①, ② と同じよう
に, 「余りが出ないように分ける」問題
として解くことができます。

　28 まいのクッキーが 4 まい余り,
21 個のラムネが 5 個余るので, ふく
ろに入れた数は,
　クッキー　28 − 4 = 24 (まい)
　ラムネ　　21 − 5 = 16 (個)
したがって, クッキー 24 まいとラム
ネ 16 個をどちらも余りが出ないよう
にそれぞれ同じ数ずつ分けるので, 24
と 16 の公約数を考えます。
　24 の約数は,
　1, 2, 3, 4, 6, 8, 12, 24
16 の約数は,
　1, 2, 4, 8, 16
だから, 24 と 16 の公約数は,
　1, 2, 4, 8
です。
　そして, 2 つ目のポイントは, 「余り
の数は, 作ったふくろの数より少ない」
です。この点にも注意しましょう。
　いま, クッキーが 4 まい, ラムネが
5 個余ったので, 作ったふくろの数は
6 ふくろ以上とわかります。
　したがって, 24 と 16 の公約数の
うち, 6 以上の数が答えなので, 求め
るふくろの数は 8 ふくろです。

答え

1 **①** 10.2m

② 14m

③ 8.9m

考え方

1 **①** ポイントは,「輪になってならぶとき
は，人と人の間の数は人の数と同じ」
ということです。32人が白線にそっ
て2mおきに円周上にならぶと，その
長さは，

$2 \times 32 = 64$ (m)

となります。だから，この円の半径を
□mとすると，

$\square \times 2 \times 3.14 = 64$

$\square \times 6.28 = 64$

より，□は，

$64 \div 6.28 = 10.19\cdots$

したがって，小数第二位を四捨五入
すると，求める円の半径は，10.2mと
なります。

② 4本の等しい長さの直線上にならぶ
ので，1本の直線上には，

$32 \div 4 = 8$ (人)

が2mおきに，輪にならずに1列にな
らぶことがわかります。

ここで，「輪にならずに1列になら
ぶときは，人と人の間の数は，人の数
より1少ない」ことがポイントです。
すなわち，8人が輪にならずに1列に
ならぶとき，人と人の間の数は7なの
で，直線1本の長さは，

$2 \times 7 = 14$ (m)

③ 4本の等しい長さの曲線上にならぶ
ので，この曲線1本の長さは**②**と同じ
14mになります。だから，円周を4
等分した長さが14mになるときの円
の半径を求めればよいことがわかりま
す。

したがって，のばした点線1本の長
さを△mとすると，

$\triangle \times 2 \times 3.14 \div 4 = 14$

$\triangle \times 2 \times 3.14 = 14 \times 4$

$\triangle \times 6.28 = 56$

より，△は

$56 \div 6.28 = 8.91\cdots$ (m)

したがって，小数第二位を四捨五入
すると，求める点線1本の長さは
8.9mとなります。

ここで，**③**の答えは**①**で求めた半径
と同じ，と考えてはいけません。なぜ
でしょうか。

それは，⑦のときは1つの円周上に
輪になってならび，⑰のときは曲線上
に輪にならずに1列にならぶからです。
実際に下の図でみてみると，円周の
4分の1にならぶ人数は，⑦のときは
9人，⑰のときは8人となり，ならぶ
人数がちがうことがわかります。

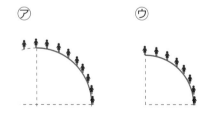

輪になってならぶときと，輪になら
ずに1列にならぶときで，人と人の間
の数と人の数の関係がちがうことに注
意しましょう。

答え

1 **①** 25.42cm

　　② 図イ（のほうが）6（cm短い。）

2 109.9cm

考え方

1 **①** 下の図のように，円の半径をかき入れてみると考えやすいでしょう。

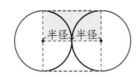

半径　半径

　バトンにまきつけたひもは，2本の直線と2本の曲線に分けることができます。

　上の図の色をつけた部分が長方形なので，直線1本の長さは半径2つ分の長さ，1.5 × 2 = 3（cm）と等しく，直線2本の長さは，

　　3 × 2 = 6（cm）

となります。

　また，曲線2本の長さは円周の長さと等しいので，

　　1.5 × 2 × 3.14 = 9.42（cm）

　したがって，必要なひもの長さは，結び目の10cmと合わせて，

　　6 + 9.42 + 10 = 25.42（cm）

② **①**と同じように，考えましょう。

　図アのときのひもの長さは，半径6つ分の直線2本分と円周1つ分と結び目の合計です。

　図イのときのひもの長さは，半径2つ分の直線4本分と円周1つ分と結び目の合計です。

　したがって，**図イ**のほうが半径4つ分短く，その長さは，

　　1.5 × 4 = 6（cm）

2 空きかんとテープを上から見た図をかき，**1**と同じように考えます。

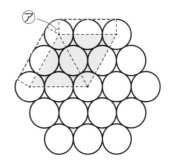

　1と同じように考えて，空きかんにまきつけたテープは，6本の直線と6本の曲線に分けることができます。

　直線1本の長さは，半径4つ分の長さと等しくなります。

　曲線1本の長さは，上の図の色をつけた2つの三角形がどちらも正三角形になることに注目して考えます。すると，上の図の⑦の角度は，

　　360° − 60° × 2 − 90° × 2

　　= 60°

となり，60° × 6 = 360°より曲線6本分の長さは円周の長さと等しくなります。

　だから，直線6本分と曲線6本分と重ねたテープの10cmを合計すると，

　　(6.6 ÷ 2) × 4 × 6

　　　　　　+ 6.6 × 3.14 + 10

　　= 109.924（cm）

　したがって，小数第二位を四捨五入すると，求めるテープの長さは109.9cmとなります。

27 投票しよう ①

答え

1 ① 17 票以上

2 ① 9 票以上

②

輪投げ	魚つり	宝さがし
6 票	5 票	4 票
7 票	6 票	2 票
7 票	5 票	3 票

考え方

1 ①　必ずゲームに決まる, すなわち,「ゲームに決まるために必要な票数がいちばん多くなる」場合を考えます。たとえばゲームに 14 票入ったとき, 工作 10 票, 体験 9 票ならゲームに決まります。しかし, 工作 16 票, 体験 3 票なら工作に決まるので, ゲームに 14 票入っても「必ず」決まりません。ゲームに必ず決まるのは, 下の図のように, 3 位のものには 1 票も入らず, ゲームと残り 1 つの 2 種類だけで全部の 33 票を取り合い, 2 位の票数よりゲームの票数が多い場合です。

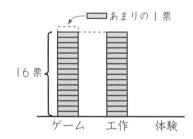

あまりの 1 票

16 票

ゲーム　工作　体験

したがって,
33 ÷ 2 = 16 あまり 1
より, 16 + 1 = 17 (票) 以上入れば, 必ずゲームに決まります。

2 ①　5 位のものには 1 票も入らず, 輪投げと残り 3 つの合計 4 つで 33 票を取り合い, 4 位の票数より輪投げの票数が多い場合を考えます。

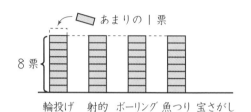

あまりの 1 票

8 票

輪投げ　射的　ボーリング　魚つり　宝さがし

33 ÷ 4 = 8 あまり 1
だから, 8 + 1 = 9 (票) 以上入れば, 必ず輪投げに決まります。

②　残っている票数の,
33 − (10 + 8) = 15 (票)
を, 輪投げ, 魚つり, 宝さがしで取り合います。

15 ÷ 3 = 5 より, 輪投げに,
5 + 1 = 6 (票)
以上入れば, 輪投げが 3 位になる可能性があります。

ここで, 3 位は, 2 位の 8 票より票数が少ないので, 輪投げの票数は, 6 票, 7 票のいずれかです。

輪投げが 6 票のとき, 残りの票数は, 15 − 6 = 9 (票) なので, 3〜5 位の順位が問題の条件に合うのは, 魚つり 5 票, 宝さがし 4 票
となります。

輪投げが 7 票のとき, 残りの票数は, 15 − 7 = 8 (票) なので, 3〜5 位の順位が問題の条件に合うのは,
魚つり 6 票, 宝さがし 2 票
魚つり 5 票, 宝さがし 3 票
となります。

答え

1 1① 29票以上　②ある

2 【例】

この時点で残っている, 525 − 89 − 45 − 138 − 162 = 91（票）がすべて5年2組に入ったとすると, 45 + 91 = 136（票）になる。この時点で1位の5年4組には162票, 2位の5年3組には138票入っていて, 136票は138票より少ないので, 5年2組が2位までに入る可能性はない。

考え方

1 途中までの開票結果がわかっている問題のポイントは,「どこに入るか, 決まっている票があること」です。

1① 6年2組はこの時点で1位なので, 6年2組が1位になるために必要な票数がいちばん多くなるのは, この時点で2位の6年3組と, 残りの票をすべて取り合ったときです。

この時点で6年1組に86票入ることは決まっているので, 525 − 86 = 439（票）を6年2組と6年3組で取り合います。だから, 6年2組が6年生の中で必ず1位になるために必要な票数は,

439 ÷ 2 = 219 あまり 1

より, 219 + 1 = 220（票）以上です。

したがって, 6年2組は, あと,

220 − 191 = 29（票）

以上取れば, 必ず1位になります。

② この時点で残っている票数は,

525 − (86 + 191 + 142)

= 106（票）

この106票がすべて1組に入ると, 86 + 106 = 192（票）

となり, この時点で1位の6年2組の191票より1票多いので, 6年1組が6年生の中で1位になる可能性はあります。

2 2位までに入る可能性を考えるので, 1②と同じように, 残っている票数がすべて5年2組に入ったとして, 逆転可能かどうかを確認すればよいでしょう。

次の2つの点が書けていれば正解です。各20点とします。

・残りの票数を求め, すべて5年2組に入ると考えること

・残りの票数がすべて5年2組に入っても, この時点での5年3組, 4組の票数よりも少ないこと

ここで,「知っていたらかっこいい！」の計算のしかたについて説明します。

この時点での4組と1組, 4組と3組の票数の差は, それぞれ73票, 24票で, 合わせると,

73 + 24 = 97（票）

です。ここで, 残りの票数は91票だから, 1組, 3組のいずれかが4組の票数より多くなることはあっても, ともに4組の票数より多くなることはありません。したがって, 4組は必ず2位までに入ることがわかります。

29 式の意味を読み取ろう ①

答え

1 ① $180° × 3$
  ② $180° × 4 - 180°$
  ③ $180° × 5 - 360°$

2 ① 5本

  ② 【例】
　　 1つの頂点から引ける対角線は，□
　　 － 3（本）。頂点は□個なので，対角
　　 線は全部で，(□－ 3) ×□（本）に
　　 なるが，逆向きの対角線をふくめて
　　 2回数えてしまっている。だから，求
　　 める対角線の本数は，(□－ 3) ×□
　　 ÷ 2（本）となる。

考え方

1 　五角形の分け方に注目して，五角形の
　 5つの角度の和の求め方を式で表す問題
　 です。図の条件を式で表したり，逆に，
　 式の条件を図で表したりできるようにな
　 ると，算数の力はグングンのびます。

　① 　五角形の頂点を直線で結んで，五角
　　 形を3つの三角形に分けています。3
　　 つの三角形のすべての角度の和が，五
　　 角形の5つの角度の和になります。

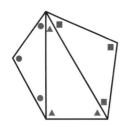

② 　①とちがって，五角形の辺の上の点
　 と頂点を直線で結んで，五角形を4つ
　 の三角形に分けています。4つの三角
　 形のすべての角度の和から，半回転の
　 角180°をひくと，五角形の5つの角
　 度の和になります。

③ 　②とちがって，五角形の中の点と頂
　 点を直線で結んで，五角形を5つの三
　 角形に分けています。5つの三角形の
　 すべての角度の和から，1回転の角
　 360°をひくと，五角形の5つの角度
　 の和になります。

2 ① 　次の5本の対角線が引けます。

② 　次の2つの点が書けていれば正解で
　 す。各10点とします。

[手順 1，2]　(□－ 3) ×□の理由
[手順 3]　　　÷ 2の理由

答え

1 【例】

ごう…左はしの１本と，３本でできる「コ」の形８つに分けて考えた。

ビッツ…左はしの正方形の４本と，３本でできる「コ」の形（8 − 1）つに分けて考えた。

2 【例】

① （3 × 3）まいの８つの組に分けて考えた。

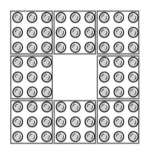

② 真ん中におはじきを置き，（9 × 9）まいの大きい正方形と（3 × 3）まいの小さい正方形を考えた。

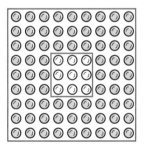

③ （6 × 3）まいの４つの組に分けて考えた。

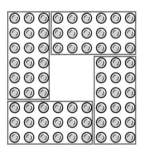

考え方

1 マッチぼうが，８つの正方形を組み合わせた形にならべられています。求め方は，次のように図をかいて説明してもよいでしょう。

（ごうさん）

（ビッツさん）

次の点が書けていれば正解です。

> ごう…１本と（3 × 8）本が，それぞれどの部分の本数かを説明している。
>
> ビッツ…４本と 3 ×（8 − 1）本が，それぞれどの部分の本数かを説明している。

2 おはじきのまい数をくふうして求める問題です。いろいろなくふうのしかたを考えることができるだけでなく，わかりやすく説明することもできるようになると，もっとかっこよくなれます。

説明するときは，言葉だけでなく，図も使うとわかりやすくなりますね。

① ～ ③ は，それぞれ次の２点が書けていれば正解です。各１０点とします。

> ・図に分け方をかいている。
> ・その分け方を言葉で説明している。

答え

1 ①① 10200 ② 40 ③ 2720
②今日（のほうが）3（ビーツ高い。）
③ア，エ
④式 24000 ÷ 160 = 150
   150 − 112 = 38
   200 × 38 = 7600
答え 7600 円

考え方

1 ①① 1 ビーツを 200 円と交換できる
ので，51 ビーツを円にかえると，
200 × 51 = 10200（円）

② 1 ビーツ 150 円のときは，150
円で 1 ビーツと交換できるので，
6000 円をビーツにかえると，
6000 ÷ 150 = 40（ビーツ）

③ 3 ビーツ 480 円のとき，1 ビー
ツは，
480 ÷ 3 = 160（円）
1 ビーツを 160 円と交換できる
ので，17 ビーツを円にかえると，
160 × 17 = 2720（円）

② 1 ビーツ 200 円のときは，1 ビー
ツで 200 円と交換できるので，1000
円と交換するためには，
1000 ÷ 200 = 5（ビーツ）
必要です。同じように考えて，1 ビー
ツ 125 円のときは，
1000 ÷ 125 = 8（ビーツ）
必要です。
8 − 5 = 3（ビーツ）
だから，1000 円と交換するために必
要なビーツを比べると，今日のほうが
昨日より 3 ビーツ高いです。

③ 1 ビーツが 100 円より安くなった
とき，ビーツに対して円の値うちが上
がったことになるから，円高といえま
す。
1 ビーツが何円かを考えると，**ウ**は，
5500 ÷ 50 = 110（円）
エは，
3000 ÷ 40 = 75（円）
したがって，1 ビーツが 100 円よ
り安いのは，**ア**と**エ**です。

④ 1 ビーツ 160 円のときは，160 円
で 1 ビーツと交換できます。だから，
24000 円をビーツにかえると，
24000 ÷ 160 = 150（ビーツ）
になります。ビッツ国で 112 ビーツ
使ったので，日本に帰ってきたときに
残っているのは，
150 − 112 = 38（ビーツ）
です。このとき，1 ビーツ 200 円に
なっているので，38 ビーツを円にか
えると，
200 × 38 = 7600（円）
になります。

答え

1 ① 式　$2400000 \div 100 = 24000$
　　　　$24000 \times 20 = 480000$
　　　　$2400000 \div 120 = 20000$
　　　　$20000 \times 30 = 600000$
　　　　$480000 + 600000$
　　　　$= 1080000$
　　答え　1080000 ビーツ

② 式　$96 \times 25 = 2400$
　　　　$840000 \div 2400 = 350$
　　　　$112 \times 25 = 2800$
　　　　$840000 \div 2800 = 300$
　　　　$350 - 300 = 50$
　　答え　（1 ビーツ）96（円のときのほ
　　　　　うが）50（個多く買える。）

③ ① 270　② 162000

考え方

1 ①　1 ビーツ 100 円のとき，1 台
2400000 円の車はビッツ国で，
　　$2400000 \div 100$
　　$= 24000$（ビーツ）
このとき，20 台売れたから，代金は，
　　24000×20
　　$= 480000$（ビーツ）
　　また，1 ビーツ 120 円のとき，1
台 2400000 円の車はビッツ国で，
　　$2400000 \div 120$
　　$= 20000$（ビーツ）
このとき，30 台売れたから，代金は，
　　20000×30
　　$= 600000$（ビーツ）
合わせて，
　　$480000 + 600000$
　　$= 1080000$（ビーツ）

② うで時計のねだんを円になおして考
えます。1 ビーツ 96 円のとき，1 個
25 ビーツのうで時計のねだんは，
　　$96 \times 25 = 2400$（円）
このとき，840000 円で買えるうで
時計の個数は，
　　$840000 \div 2400 = 350$（個）
　　また，1 ビーツ 112 円のとき，1
個 25 ビーツのうで時計のねだんは，
　　$112 \times 25 = 2800$（円）
このとき，840000 円で買えるうで
時計の個数は，
　　$840000 \div 2800 = 300$（個）
　　$350 - 300 = 50$（個）だから，1
ビーツ 96 円のときのほうが 50 個多
く買えます。

③　1 ビーツ 90 円のとき，1 ふくろ 5
ビーツのビスケットのねだんは，
　　$90 \times 5 = 450$（円）
また，1 ビーツ 120 円のとき，1 ふ
くろ 5 ビーツのビスケットのねだんは，
　　$120 \times 5 = 600$（円）
だから，ねだんの差は，
　　$600 - 450 = 150$（円）
1 ふくろ 50 円の値上げにつき，1 日
の売り上げは 30 ふくろ減るので，
　　$150 \div 50 = 3$（倍）
より，150 円の値上げで 1 日の売り
上げは，
　　$30 \times 3 = 90$（ふくろ）
減ります。したがって，1 日で，
　　$360 - 90 = 270$（ふくろ）
売れて，このときの売り上げは，
　　$600 \times 270 = 162000$（円）

33 速さのおもしろい問題①

答え

1 ① 1.68km

　② 9時40分

2 ゴリラとウマ

3 式　　1億5000万÷30万＝500

　　　　500秒＝8分20秒

　答え　8分20秒

考え方

1 ① まず，たかのぶさんの話から図書館に着く時刻を求めます。たかのぶさんは5kmの道のりを時速15kmの速さで向かうので，かかる時間は，

$$5 ÷ 15 = \frac{1}{3}（時間）$$

$$\frac{1}{3}時間 = 20分$$

9時50分に出発するので，図書館に着く時刻は10時10分です。

　せいごりさんは，9時42分に出発して，10時10分に着きます。歩く時間は28分で，

　秒速1m＝分速60m

の速さで歩くので，せいごりさんの家から図書館までの道のりは，

　60×28＝1680（m）

　1680m＝1.68km

　② ゆりさんは，1.35km（1350m）の道のりを分速45mの速さで歩くので，かかる時間は，

　1350÷45＝30（分）

図書館に10時10分に着くので，ゆりさんが家を出発する時刻は9時40分です。

2 5種類の動物が15秒間走ったときの道のりをそれぞれ計算するのは大変です。1時間走ったときの道のりの差を計算するのがポイントです。

　15秒間走ったときの道のりの差が200mだから，1分間走ったときの道のりの差は，

　60÷15＝4

　200×4＝800（m）

これより，1時間走ったときの道のりの差は，

　800×60＝48000（m）

　48000m＝48km

時速の差が48kmの2種類の動物を見つければよく，ゴリラ（時速40km）とウマ（時速88km）とわかります。

3 光は秒速30万kmの速さで，地球と太陽の間のきょりである1億5000万kmを進むので，かかる時間は，

　1億5000万÷30万＝500（秒）

　500秒＝8分20秒

　ちなみに，地球のまわりの長さは，約4万kmです。光は1秒間に30万km進むので，

　30万÷4万＝7.5

より，光の速さは1秒間で地球のまわりを7周半も回る速さだとわかります。

答え

1　①16分（以内）

　②①式　　1.6 × 30 = 48

　　　　　　48km = 48000m

　　　　　　48000 ÷ 60 = 800

　　　答え　分速800m

　　②式　　3分3秒 = 3.05分

　　　　　　800m = 80000cm

　　　　　　80000 × 3.05 = 244000

　　　　　　244000 ÷ 8000 = 30.5

　　　答え　30.5cm

　③マッハ23

考え方

1　①　家とスーパーマーケットは720m
はなれているので, せいごりさんが歩
く道のりは,

　　720 × 2 = 1440 （m）

分速60mの速さで歩くので, かかる
時間は,

　　1440 ÷ 60 = 24 （分）

10時40分から11時20分までの
時間は40分で, 歩くのにかかる時間
は24分なので, せいごりさんはスー
パーマーケットで,

　　40 − 24 = 16 （分以内）

で買い物をすませればよいです。

　②①　時速30マイルで走るオートバイ
が1時間で進む道のりを「m」で表
します。1マイルは1.6kmだから,

　　1.6 × 30 = 48 （km）

　　48km = 48000m

これより, 1分間で進む道のりは,

　　48000 ÷ 60 = 800 （m）

したがって, 分速800mです。

　②　時速30マイル（分速800m）で
走るオートバイが3分3秒間で進む
道のりを「cm」で表します。

　　3分3秒 = 3.05分　だから,

　　800m = 80000cm

　　80000 × 3.05 = 244000（cm）

244000cmは8000フィートと
等しいから, 1フィートは,

　　244000 ÷ 8000 = 30.5 （cm）

　　ちなみに, 1フィートは正確には
30.48cmです。「フィート」は英語
で足を表し, 足の大きさを基準とす
る長さの単位です。とても大きい足
を基準にしたんですね。

③　国際宇宙ステーションは90分間で
42570km進むので, 1分間に進む道
のりは,

　　42570 ÷ 90 = 473 （km）

ここで, マッハ1を分速に直します。

　　340 × 60 = 20400 （m）

　　20400m = 20.4km

より, 分速20.4kmです。

　　1分間に20.4km進む速さがマッ
ハ1だから, 1分間に473km進む国
際宇宙ステーションの速さをマッハで
表すと,

　　473 ÷ 20.4 = 23.1…

小数第一位を四捨五入すると, マッハ
23になります。

答え

1 ❶ウ

　❷デパートの名前…とくとくデパート

　　代金の合計　　…8600円

　❸300円

2 90%

考え方

1 ❶　5800円を1としたときの代金の割合を，図から読み取る問題です。20%を小数で表すと0.2だから，代金の割合は，

　　$1 - 0.2 = 0.8$

　問題の図は，1を4等分しているので，1つ分の目もりが，$1 \div 4 = 0.25$ を表すことに注意して読み取ります。ぼうの長さが表す割合は，**ア**が約0.2，**イ**が0.5，**ウ**が約0.8です。

❷　それぞれのデパートで，ジーンズを2本買ったときの代金を求めて比べます。

（ひきひきデパート）

　ジーンズ2本の定価は，

　$5800 \times 2 = 11600$（円）

20%安くなるから，2本の代金は，

　$11600 \times (1 - 0.2) = 9280$（円）

（とくとくデパート）

　ジーンズ1本の代金は，

　$5800 - 1500 = 4300$（円）

だから，2本の代金は，

　$4300 \times 2 = 8600$（円）

（やすやすデパート）

　ジーンズ2本目の代金は，

　$5800 \div 2 = 2900$（円）

だから，2本の代金は，

　$5800 + 2900 = 8700$（円）

したがって，いちばん安く買えるのはとくとくデパートで，8600円です。

❸　ジーンズの仕入れ値の割合を1とすると，定価の割合は，

　　$1 + 0.45 = 1.45$

　仕入れ値を□円とすると，

　　$□ \times 1.45 = 5800$

　　$□ = 5800 \div 1.45 = 4000$

より，仕入れ値は4000円です。

　とくとくデパートのジーンズ1本の代金は，❷より4300円だから，1本売れたときの利益は，

　　$4300 - 4000 = 300$（円）

と求められます。

2　オレンジのねだんを20%上げたので，昨日の1.2倍になり，売れた合計金額は8%増えたので，昨日の1.08倍になりました。

　　（売れた個数）

　　＝（売れた合計金額）÷（ねだん）

だから，売れた個数は，昨日の，

　　$1.08 \div 1.2 = 0.9$（倍）

になったことがわかります。すなわち，昨日の90%です。

答え

1 **①** 式　(120−108)÷120×100
　　　　　＝10

　　答え　10%

②【例】

10本を定価で買ったときの代金と，安く買えたときの代金の差は，120×10−1164＝36(円)。定価とこえた分のねだんの差は，120−108＝12（円）だから，36÷12＝3(本)安く買えたことがわかります。したがって，10−3＝7（本）をこえて買うと，定価より安くなります。

2 **①** 式　□×1.4＝1225
　　　　　□＝1225÷1.4＝875

　　答え　875人

② 3両

③ 112%

考え方

1 **①** 600÷5＝120より，ジュースの定価は120円です。そして，1272−1164＝108より，こえた分のねだんは108円とわかります。だから，(120−108)÷120×100＝10より，こえた分のねだんは定価の10%安くなります。

②　答え　の【例】は，ある本数をこえると，1本のねだんが12円安くなることに注目して，わり算を使って答えを求めました。次の2つの点が書けていれば正解です。各10点とします。

・10本買うとき，3本安く買える
　理由
・7本をこえて買うと，定価より安
　くなること

なお，問題の表から，定価より安く買えるのは，7本をこえたとき，8本をこえたとき，9本をこえたときのいずれかとわかります。そこで，それぞれの場合で10本の代金を求め，1164円になるかどうかを調べてもよいでしょう。7本の場合は1164円，8本の場合は1176円，9本の場合は1188円になるので，7本をこえたときとわかります。

2 **①** 140%を小数で表すと1.4だから，定員数を□人とすると，
　　□×1.4＝1225
　　□＝1225÷1.4＝875
だから，定員数は875人です。

② 7両の定員数が875人だから，1両あたりの定員数は，
　　875÷7＝125（人）
1225人乗っているから，
　　1225÷125＝9.8
より，9両では乗車率が100%より高くなり，10両では乗車率が100%より低くなることがわかります。したがって，あと，10−7＝3（両）あれば今の乗車率を100%以下にできます。

③ 140−20＝120（%）としないように注意しましょう。

1225人の20%の人がおりると，電車に乗っている人数は，
　　1225×(1−0.2)＝980（人）
になります。①より定員数は875人だから，乗車率は，
　　980÷875×100＝112（%）
とわかります。

答え

1　①① 0.36　② 6　③ 80
　②式　　56 ÷ 70 = 0.8
　　　　　57 ÷ 75 = 0.76
　　答え　くま
　③割合…2割7分
　　個数…1674個
　④アッププ（商店のほうが）
　　10（ビーツ安い。）

考え方

1　①①　割合＝比べられる量÷もとにする量
　　より，
　　90 ÷ 250 = 0.36
　②　小数で表した割合と百分率の関係
　は，
　百分率（％）
　＝小数で表した割合×100
　　だから，
　　15 ÷ 250 × 100 = 6（％）
　③　45% を小数で表すと，0.45 で
　す。ドドドの木全部の本数を□本と
　すると，
　比べられる量＝もとにする量×割合
　だから，
　　□× 0.45 = 36
　□にあてはまる数を求めると，
　36 ÷ 0.45 = 80
　　したがって，ドドドの木は全部で
　80 本です。

②　入った回数の割合が大きいほうが，
輪投げが上手であるといえます。
　　投げた回数を1としたときの，入っ
た回数の割合を求めるので，くまが入
った回数の割合は，
　　56 ÷ 70 = 0.8
うさぎが入った回数の割合は，
　　57 ÷ 75 = 0.76
　　したがって，くまが入った回数の割
合のほうが大きいので，くまのほうが
輪投げが上手であることがわかります。

③　グラフより，りんごの割合は，全体
の 27% です。27% を小数で表すと
0.27 で，歩合で表すと 2割7分です。
だから，売れたりんごの個数は，
　　6200 × 0.27 = 1674（個）

④　17% を小数で表すと，0.17 です。
定価の 500 ビーツを1とすると，ア
ッププ商店で売っているアイスクリー
ムの材料のねだんの割合は，
　　1 − 0.17 = 0.83
　　したがって，アッププ商店で売って
いるアイスクリームの材料のねだんは，
　　500 × 0.83 = 415（ビーツ）
また，ゼットト商店で売っているアイ
スクリームの材料のねだんは，
　　500 − 75 = 425（ビーツ）
　　したがって，
　　425 − 415 = 10
より，アッププ商店のほうが 10 ビー
ツ安いことがわかります。

答え

1 ❶式　　1 + 0.3 = 1.3
　　　　　□ × 1.3 = 2600
　　　　　2600 ÷ 1.3 = 2000
　　答え　2000 ビーツ
　❷式　　1 + 0.15 = 1.15
　　　　　3600 × 1.15 = 4140
　　　　　1 − 0.1 = 0.9
　　　　　4140 × 0.9 = 3726
　　答え　3726 ビーツ
3 ① 42　② 23　③ 180　④ 240

アイスクリームを買った相手の割合

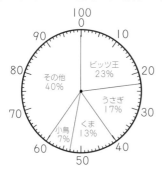

考え方

1 ❶　30% を小数で表すと, 0.3 です。材
料費を 1 とすると, 定価の割合は,
　　1 + 0.3 = 1.3
材料費を□ビーツとすると,
　　□ × 1.3 = 2600
□にあてはまる数を求めると,
　　2600 ÷ 1.3 = 2000
したがって, 材料費は 2000 ビーツで
す。
　❷　材料費を 1 とします。1 割 5 分を小
数で表すと 0.15 だから, 定価の割合
は,
　　1 + 0.15 = 1.15
したがって, 定価は,
　　3600 × 1.15 = 4140 （ビーツ）

次に, 定価を 1 とします。1 割を小
数で表すと 0.1 だから, キャンペーン
のときのねだんの割合は,
　　1 − 0.1 = 0.9
したがって, キャンペーンのときのね
だんは,
　　4140 × 0.9 = 3726 （ビーツ）
3 ①　小鳥が買ったアイスクリームの個
数は, 600 個の 7% です。7% を
小数で表すと 0.07 だから,
　　600 × 0.07 = 42 （個）
　②　ビッツ王が買ったアイスクリーム
の個数は 138 個だから, 138 個が
600 個の何 % かを考えると,
　　138 ÷ 600 × 100 = 23 （%）
　③　くまとうさぎが買ったアイスクリ
ームの個数をそれぞれ求めてもよい
ですが, くまとうさぎが買ったアイ
スクリームの個数を合わせると, 全
体の,
　　13 + 17 = 30 （%）
になることを使うと簡単です。
　　30% を小数で表すと 0.3 だから,
　　600 × 0.3 = 180 （個）
　④　小鳥, くま, うさぎ, ビッツ王が
買ったアイスクリームの個数を合わ
せると,
　　42 + 180 + 138 = 360 （個）
　　売れたアイスクリームは全部で
600 個だから, その他の相手が買っ
たアイスクリームの個数は,
　　600 − 360 = 240 （個）
　　そして, 240 個が 600 個の何 %
かを考えると,
　　240 ÷ 600 × 100 = 40 （%）

答え

1 **❶** （2cm，2cm，3cm）…できる
　　　（1cm，2cm，4cm）…できない

　❷【例】
　　2つの長さの和が，残りの1つの長
　　さより必ず大きいきまり。

2 13種類

考え方

1 **❶** （2cm，2cm，3cm）のときは，次
　　のようにして三角形をかくことができ
　　るとわかります。

①
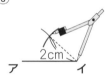
3cmの直線**アイ**
をかく。

②
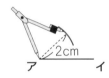
点**ア**を中心に半径
2cmの円をかく。

③

点**イ**を中心に半径
2cmの円をかく。

④

三角形はできる。

　そして，（1cm，2cm，4cm）のと
きは，次のようにして三角形をかくこ
とができないとわかります。

①

4cmの直線**アイ**
をかく。

②

点**ア**を中心に半径
1cmの円をかく。

③

点**イ**を中心に半径
2cmの円をかく。

④

三角形はできない。

　❷ 2つの長さの和が，残りの1つの長
　　さより必ず大きくなるとき，三角形を
　　かくことができます。

　　【例】
　　できる：（2cm，2cm，3cm）のとき，
　　　　$2 + 2 > 3$　　$2 + 3 > 2$

　　できない：（1cm，2cm，4cm）のとき，
　　　~~$1 + 2 < 4$~~　　$1 + 4 > 2$

　　　$2 + 4 > 1$

2 **1❷** で発見したきまりを使って，三角
　　形を作ることが「できる」「できない」を
　　調べていきます。すると，次の13種類
　　の三角形を作ることができるとわかりま
　　す。
　　　（4，4，4）（4，4，3）（4，4，2）
　　　（4，4，1）（4，3，3）（4，3，2）
　　　（3，3，3）（3，3，2）（3，3，1）
　　　（3，2，2）（2，2，2）（2，2，1）
　　　（1，1，1）
　　　※cmは省略しています。

答え

1 ①12個 ②32個

2 式　　5 × 12 = 60　60 ÷ 3 = 20
　　答え　20個

考え方

1 ①　下の形の正三角形は6個。

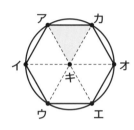

下の形の二等辺三角形も6個。

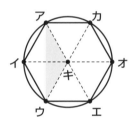

だから，全部で，
　6 + 6 = 12（個）

②　点キが三角形の頂点にならないとき
を考えます。
　下の形の二等辺三角形は6個。

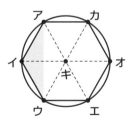

下の形の直角三角形は12個。

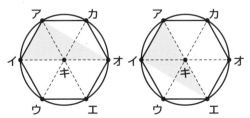

下の形の正三角形は2個。

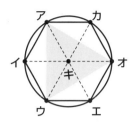

だから，点キが三角形の頂点にならな
いときは，
　6 + 12 + 2 = 20（個）
　したがって，全部で，
　12 + 20 = 32（個）

2　サッカーボールは，1個の正五角形の
まわりに正六角形が5個あります。

正五角形は12個あるので，正六角形
は全部で，
　5 × 12 = 60（個）
とするのは間違いです。なぜなら，1個
の正六角形のまわりに正五角形が3個あ
るので，この60個は，同じ正六角形を
3回数えてしまっています。
　だから，求める正六角形の個数は，
　60 ÷ 3 = 20（個）

答え

1 ① 【例】

各月のまい数を切り上げて，千の位までの概数にして和を求めると，

3000 + 2000 + 2000 + 3000 = 10000

実際(じっさい)の数より大きい数の和が10000だから，まだ10000まいたまっていない。

② 【例】

各月のまい数を切り捨てて，百の位までの概数にして和を求めると，

2900 + 1800 + 1500 + 2800 = 9000

実際の数より小さい数の和が9000だから，あと1000まいあれば，必ず10000まいたまる。

2 ① 4.7m 以上 5.6m 以下

② 式　(4.8 + 3.2) × 2 = 16

16 ÷ 0.25 = 64

答え　64個

考え方

1 「切り上げ」「切り捨て」「四捨五入」を使うと，簡単(かんたん)な計算で，だいたいの様子をつかめるようになります。

① 千の位までの概数にするので，百の位の数を切り上げます。

問題にしたがって和を求めると，10000になります。10000は実際の数より大きくしたときの和なので，10000まいたまっていないことがわかります。

次の2つの点が書けていれば正解(せいかい)です。各15点とします。

・概数の和が10000になること
・実際の数より大きい数の和であること

---

② 百の位までの概数にするので，十の位を切り捨てます。問題にしたがって和を求めると9000になります。9000は実際の数より小さくしたときの和なので，9000まい以上たまっています。だから，あと1000まいあれば必ず10000まいたまります。

次の2つの点が書けていれば正解です。各15点とします。

・概数の和が9000になること
・実際の数より小さい数の和であること

---

2 ① 長方形の面積＝たて×横 より，

横の長さがいちばん短いとき，

15 ÷ 3.2 = 4.68…

横の長さがいちばん長いとき，

18 ÷ 3.2 = 5.62…

四捨五入して，小数第一位までの概数にすると，横の長さは4.7m以上5.6m以下とわかります。

② 花だんのまわりにかざりを置いていくとき，「かざりの数」と「かざりとかざりの間の数」は同じになります。

長方形のまわりの長さが，

(3.2 + 4.8) × 2 = 16 (m)

だから，かざりとかざりの間の数は，

16 ÷ 0.25 = 64 (個)

すなわち，かざりの数は64個です。

答え

① 【例】

各商品の定価を切り上げて, 百の位までの概数にして和を求めると,

400 ＋ 700 ＋ 1300 ＋ 600
＝ 3000

実際の数より大きい数の和が 3000 だから, 3000 円ですべて買えます。

② ❶ 5104　❷ 4890　❸ 926 円

考え方

① 第 41 回 ① の応用問題。自分で「切り上げ」「切り捨て」「四捨五入」のどれを使えばよいかを考えます。

3000 円で買えることを示したいので, 実際の金額より大きくしても, 3000 円をこえないことを確かめます。

次の 2 つの点が書けていれば正解です。各 15 点とします。

> ・切り上げて, 百の位までの概数の和を考えること
> ・和が 3000 をこえないこと

なお, 切り上げて, 十の位までの概数の和を考えてもかまいません。この場合の和は,

390＋680＋1300＋530
＝2900

となり, 3000 をこえないことがわかります。ただ, できるだけ上の位で切り上げるほうが, 和を求めるときに簡単です。

② ❶　四捨五入して 12300 になる整数は,

十の位を四捨五入したとき,

12250 ～ 12349

一の位を四捨五入したとき,

12295 ～ 12304

だから, 12250～12349 とわかります。

ある整数がいちばん小さくなるときを考えるので, 和は 12250 とします。

したがって, ある整数は,

12250 － (12 ＋ 345 ＋ 6789)
＝ 5104

❷　商の小数第一位を四捨五入すると 34 になるので, 商は, 33.5 以上 34.5 未満とわかります。これは, 12 でわったときだから,

33.5 × 12 ＝ 402

34.5 × 12 ＝ 414

より, 考えている整数は, 402 以上 413 以下の 12 個とわかります。

402 と 413, 403 と 412 のように, 和が, 402 ＋ 413 ＝ 815 になる 2 つの数の組を, 12 ÷ 2 ＝ 6 (組) つくると, 求める和は,

815 × 6 ＝ 4890

❸　定価を 1 とすると, 消費税は 0.08 です。1 ＋ 0.08 ＝ 1.08 だから,

1000 ÷ 1.08 ＝ 925.9…

したがって, 定価は 925 円以下とするのは間違いです。

1 円未満を切り捨てて 1000 円以下になるのは「1001 円未満」なので,

1001 ÷ 1.08 ＝ 926.8…

したがって, 定価は 926 円以下とわかります。

なお, 925 円, 926 円, 927 円のときの, 消費税を入れた金額を確かめると,

925 × 1.08 ＝ 999

926 × 1.08 ＝ 1000.08　→1000

927 × 1.08 ＝ 1001.16　→1001

となり, 926 円が正解とわかります。

答え

1 09 月 28 日 17 時 56 分 43 秒

2 301

3 ① 388 票以上   ② 195 票

考え方

1 いちばんもおそい日時を考えるので,「12 月」から考えます。「1」と「2」は使っているので,「時」の部分の十の位は 0 になります。しかし,残りの 3 〜 9 の数字で「日」の部分を表すことができないので,「12 月」ではありません。

次は「11 月」ですが,同じ数字を 2 回使っているので,「11 月」ではありません。

「10 月」を考えます。このとき,「時」の部分には,「23 時」しかあてはまりません。残りの 4 〜 9 の数字で「日」の部分を表すことができないので,「10 月」ではありません。

「09 月」を考えます。このとき,「日」の部分の十の位は 1 か 2 になり,3 は使えません。なぜなら,9 月は 30 日までしかなく,0 は「月」の部分で使っているからです。

日時をできるだけおそくするので,「日」の部分の十の位が 2 のときから考えます。

このとき,「時」の部分の十の位は「1」になります。日時をできるだけおそくするので,「分」の部分の十の位を 5,「秒」の部分の十の位を 4 とします。

残りの 3, 6, 7, 8 を,

09 月 2 □ 日 1 □ 時 5 □ 分 4 □ 秒

にあてはめて,いちばんおそい日時を求めます。すると,

09 月 2 8 日 1 7 時 5 6 分 4 3 秒

とわかります。

2 $\dfrac{15}{37}$ = 15 ÷ 37 = 0.405405…

だから,小数第一位から「405」をくり返していくことがわかります。

この 3 つの数字をかたまりとして,小数第一位から小数第百位までの数字の和を求めます。

100 ÷ 3 = 33 あまり 1

より,「405」を 33 回くり返して,小数第百位の数字が「4」になることがわかります。したがって,求める和は,

(4 + 0 + 5) × 33 + 4 = 301

3 ① ようすけさんに決まるために必要な票数が最も多くなるのは,ようすけさんと 2 位の 2 人だけで全部の 775 票を取り合い,ようすけさんの票数が 2 位の票数より多くなる場合です。

775 ÷ 2 = 387 あまり 1

より,

387 + 1 = 388 (票)

以上あれば,必ずようすけさんに決まります。

② 最低の票数で当選するのは,4 人の票数ができるだけ近くなり,ようすけさんの票数が他の 3 人の票数より多くなる場合です。

775 ÷ 4 = 193 あまり 3

より,あまりの 3 票から 2 票取れば 1 位になります。したがって,ようすけさんが当選するために必要な最低の票数は,

193 + 2 = 195 (票)

答え

1 7 組

2 35 人

3 2500 個

4 82 点

考え方

1 15 ＝ 3 × 5 だから,「15 の倍数であること」と「3 の倍数でも 5 の倍数でもあること」は同じです。5 の倍数の一の位は, 0 または 5 なので, □が 0 のときと 5 のときで分けて考えます。

（□が 0 のとき）

6 けたの整数 15△150 が 3 の倍数になるので, すべての位の数字の和, 12 ＋△が 3 の倍数になります。だから, △は, 0, 3, 6, 9 の 4 つ。

（□が 5 のとき）

6 けたの整数 15△155 が 3 の倍数になるので, すべての位の数字の和, 17 ＋△が 3 の倍数になります。だから, △は, 1, 4, 7 の 3 つ。

したがって, 15△15□が 15 の倍数になるような組 （△, □）は, 全部で,

4 ＋ 3 ＝ 7 （組）

2 900 × 20 ＝ 18000 より, 21 人目からの料金の合計は,

28800 － 18000 ＝ 10800（円）

そして, 900 円を 1 とすると, 割り引き後の 1 人の料金の割合は,

1 － 0.2 ＝ 0.8

だから, その料金は,

900 × 0.8 ＝ 720 （円）

したがって, 割り引きを受けた人数は,

10800 ÷ 720 ＝ 15 （人）

より, 子どもの人数は全部で,

20 ＋ 15 ＝ 35 （人）

3 今日も定価で売ったとすると, 売り上げは, 昨日より,

180 × 450 ＝ 81000 （円）

増えます。実際の売り上げは, 昨日より 13500 円増えたから,

81000 － 13500 ＝ 67500（円）

の売り上げの差が出てきます。

定価で 1 個売れたときと, 定価の 1 割 5 分引きで 1 個売れたときの売り上げの差は, 180 × 0.15 ＝ 27 （円） なので, 今日売れた個数は,

67500 ÷ 27 ＝ 2500 （個）

4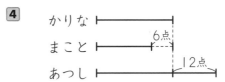

点数を上の図のように数直線に表すと, この 3 人の平均点は, かりなさんの点数より,

（12 － 6）÷ 3 ＝ 2 （点）

高いことがわかります。また, けいこさんの点数は, この 3 人の平均点より 8 点高いので, 下の図のようになります。

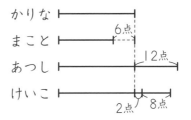

だから, 4 人の平均点は, かりなさんの点数より,

（12 ＋ 2 ＋ 8 － 6）÷ 4 ＝ 4 （点）

高いので, かりなさんの点数は,

86 － 4 ＝ 82 （点）

答え

1　① 0　② 8

2　7倍

3　【例】

5つのふくろから，それぞれ0まい，1まい，2まい，4まい，7まいのコインを取り出して，はかりに乗せる。

考え方

1　ふだん見かけるバーコードに算数が使われているなんて，おもしろいですね。チェックデジットのしくみについて，友達に教えてあげましょう。

ちなみに，本には，別のしくみのバーコードがつけられています。「ISBNコード（国際 標 準 図書番号）」とよばれるものです。興 味があれば調べてみてくださいね。

① 491357902468□について，左から奇数番目の数の和は，

$4 + 1 + 5 + 9 + 2 + 6 = 27$

左から偶数番目の数の和の3倍は，

$(9 + 3 + 7 + 0 + 4 + 8) \times 3 = 93$

$27 + 93 = 120$ より，120とチェックデジットの□との和が10の倍数になるようにします。

だから，□は0です。

② 45158□2603714について，左から奇数番目の数の和は，

$4 + 1 + 8 + 2 + 0 + 7 = 22$

左から偶数番目の数の和の3倍は，

$(5 + 5 + □ + 6 + 3 + 1) \times 3$
$= (20 + □) \times 3 = 60 + □ \times 3$

この和とチェックデジットの4との和，

$22 + (60 + □ \times 3) + 4$
$= □ \times 3 + 86$

が10の倍数になるようにします。

□×3の一の位が4になるのは，□が8のときだけなので，□は8です。

2　三角形アイウと同じ面積の三角形を見つけるのがポイントです。いま，点アと点カを直線で結びます。

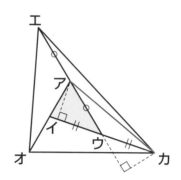

三角形アイウの底辺を辺イウ，三角形アウカの底辺を辺ウカとします。すると，三角形アイウと三角形アウカの底辺の長さと高さは，それぞれ同じです。だから，三角形アイウと三角形アウカの面積は同じです。

また，三角形アウカの底辺を辺アウ，三角形エアカの底辺を辺エアとします。すると，三角形アウカと三角形エアカの底辺の長さと高さは，それぞれ同じです。だから，三角形アウカと三角形エアカの面積は同じです。したがって，三角形アイウの面積と三角形エアカの面積も同じなので，三角形カエウの面積は三角形アイウの面積の2倍になることがわかります。

そして，点エと点イを直線で結んで同じように考えると，三角形オアエの面積は三角形アイウの面積の2倍になることがわかります。

さらに，点オと点ウを直線で結んで同じように考えると，三角形オカイの面積は三角形アイウの面積の2倍になることがわかります。

三角形**エオカ**は，三角形**アイウ**，三角形**カエウ**，三角形**オアエ**，三角形**オカイ**の４つを組み合わせたものなので，

$$1 + 2 + 2 + 2 = 7$$

より，三角形**エオカ**の面積は，三角形**アイウ**の面積の７倍となります。

3 ５つのふくろから，できるだけ少ないまい数のコインを出してはかりに乗せることで，それぞれのふくろのコインが本物かどうかを判断します。

５つのふくろを**ア**，**イ**，**ウ**，**エ**，**オ**とします。使う（はかりに乗せる）コインのまい数をできるだけ少なくしたいので，**ア**のふくろのコインは使わないことにします。

いま，**イ**のふくろから１まい，**ウ**のふくろから２まいのコインを使うとします。このとき，**エ**のふくろから３まいのコインを使ってはいけません。

なぜなら，「**ア**と**エ**のふくろがにせ物のとき」と「**イ**と**ウ**のふくろがにせ物のとき」の区別がつかないからです。

そこで，**エ**のふくろから４まいのコインを使うとします。このとき，**オ**のふくろから，５まいまたは６まいのコインを使ってはいけません。

なぜなら，５まいのときは，「**ア**と**オ**のふくろがにせ物のとき」と「**イ**と**エ**のふくろがにせ物のとき」の区別がつかないからです。また，６まいのときは，「**ア**と**オ**のふくろがにせ物のとき」と「**ウ**と**エ**のふくろがにせ物のとき」の区別がつかないからです。

そこで，**オ**のふくろから７まいのコインを使うとします。すなわち，

ア　０まい
イ　１まい
ウ　２まい
エ　４まい
オ　７まい

のコインをはかりに乗せると，「にせ物のコインだけが入ったふくろ」と「重さの合計」の対応は，次の表のようになります。

にせ物	重さの合計
アと**イ**	139g
アと**ウ**	138g
アと**エ**	136g
アと**オ**	133g
イと**ウ**	137g
イと**エ**	135g
イと**オ**	132g
ウと**エ**	134g
ウと**オ**	131g
エと**オ**	129g

このようにはかりを１回だけ使って，にせ物のコインだけが入った２つのふくろ（本物のコインだけが入った３つのふくろ）を必ず見つけることができます。

全45回おつかれさまでした。むずかしい文章題にたくさん挑戦して，算数の力をグングンのばすことができました。これからも算数をいっぱい楽しんでくださいね。

47

Z-KAI